Aromatherapy

Aromatherapy

EDU & CULTURE
EDUTAINMENT MEDIA & JOY

BASIC AROMA THERAPY

베 이 직 아 로 마 테 라 피

허정록 · 양도현 · 허윤성 공저

형설출판사
www.hyungseul.co.kr

Prologue 프롤로그

●●● 오늘날 생활수준의 향상과 더불어 건강하고 아름다운 삶을 영위하기 위한 사람들의 욕구가 커지면서 웰빙과 대체의학에 대한 관심이 높아지고 있다. 단순한 외모만의 아름다움이 아닌 내적 · 외적으로 건강을 유지하고 치유하는 뷰티테라피 개념으로 변화되었으며 아로마테라피, 자연치유법 즉 대체의학에 대한 분야가 새롭게 자리매김하고 있다.

이러한 사회적 관심에 따라 일상생활 속에서 육체적 · 정신적 · 사회적 스트레스로 인한 질병들을 예방하고 개선하는 것을 아로마테라피를 접목하여 사용하고 있다. 따라서 저자는 그동안 대학의 강단에서 아로마테라피를 강의해 오면서 경험과 자료들을 모아 학문적이고 체계적으로 이해하기 쉽게 정리해 보았다.

본서의 구성은 다음과 같다.

제1장은 아로마테라피의 역사와 목적, 분류에 대해 설명하였다.

제2장~제3장은 정유의 일반적인 특징과 에센셜 오일에 대해 전반적으로 설명하였다.

제4장은 캐리어 오일 대해 설명하였다.

제5장은 다양한 아로마테라피 적용법에 대해 설명하였다.

제6장은 생활 속의 아로마테라피 적용법에 대해 설명하였다.

부록 제1장~제2장은 한국 마사지 관리 프로그램과 피부가 좋아하는 내추럴 천연화장품 만들기에 대해 구체적으로 설명하였다.

최선을 다하였으나 미흡한 점이 많으리라 생각이 된다. 이러한 점들은 앞으로 계속적인 연구와 조언으로 수정 · 보완해 나갈 것을 약속드리며 본서는 일반인은 물론이고 대학에서 아로마테라피에 관심이 있는 학생, 뷰티산업에 종사하는 분들에게도 작은 도움이 되길 바란다.

끝으로 이 책이 나오기까지 격려와 기도해 주신 샘물교회 이태공 담임목사님과 주위의 많은 분들 출판을 위해 고생을 아끼지 않는 형설출판사 직원분들께 진심으로 감사의 마음을 전한다.

저자 일동

추천의 글

••• 현대인의 보건환경은 의학의 발전으로 치료 가능한 질병들이 많아졌지만, 아직 원인이나 치료방법도 모르는 새로운 질병들이 생기는 것도 사실입니다.

오늘날 대체의학(alternative medicine)이나 보완의학(complementary medicine)이 주목받게 되는 것은 임상적 치료로는 한계가 있는 질병들이 많이 생겨나고 있기 때문일 것입니다.

그러나 대체의학은 옛부터 내려오는 치료방법 중의 하나였습니다. 그것을 발전하고 학문적으로 체계화해서 우리나라에서는 1992년 국립보건원에 대체의학 연구위원회(Office of Alternative Medicine)를 설립하여 대체의학을 본격적으로 논의하고 여러 대체의학적 치료법들을 검증하고 있습니다.

'아로마테라피(Aromatherapy)' 는 대체의학의 중요한 자리를 차지하고 있는 치료요법 중의 하나라고 생각합니다.

사실 그동안 아로마테라피는 방향제, 공기청정제, 탈취제 등 현대인들의 생활 속에 깊이 자리를 잡고 있었습니다.

이 아로마테라피를 더욱 연구 · 발전시킨다면 예방의학뿐만 아니라 치료의학에도 크게 이바지할 것으로 믿고 있습니다.

아로마테라피는 수술할 환자를 제외한 모든 사람에게 적용되는 치료요법이으로 생활 속에서 적용해 보길 바랍니다.

본서는 아로마테라피의 역사적 배경과 향의 성분과 효과를 학문적으로 접근했고 사용방법에 있어서는 일반인들도 쉽게 이해할 수 있도록 설명하였습니다.

이 책이 테라피 학문을 연구하는 학생들은 물론 일반인들의 육체적 · 정신적 건강에 큰 도움이 되리라고 생각합니다.

이내공 목사

Contents : 차례

Chapter 1

아로마테라피(Aromatherapy)에 대한 이해

Chapter 2

정유(Essential oil)의 일반적인 특징

Chapter 3

주요 에센셜 오일

Chapter 4

캐리어 오일(Carrier oil / Basic oil)

Chapter 5

다양한 아로마테라피 적용법

Chapter 6

생활 속의 아로마테라피 적용법

부 록

Chapter 2_ 피부가 좋아하는 내추럴 천연화장품 만들기

Aromatherapy

Chapter 1

Aromatherapy

아로마테라피에 대한 이해

아로마테라피(Aromatherapy)의 의미

아로마테라피(Aromatherapy)란 향 또는 향기를 의미하는 아로마(Aroma)와 요법(치료)을 의미하는 테라피(Therapy)의 합성어로 세계적으로 분포되어 있는 향을 가진 약용식물로부터 추출해 낸 에

TIP 대체요법

자연요법이라고도 하며 인간이 태어날 때 가지는 자연 치유력을 이용하여 질병을 예방하고 건강한 신체로 회복시키는 것을 말한다. 대체요법의 종류는 아로마테라피를 비롯하여 아유르베다, 반사요법, 색채요법, 추나요법, 음악요법 등 많으며 세계 각 지역에서 민간요법으로 널리 쓰이고 있다. 이 중에서 아로마테라피는 향기물질을 사용하는 것으로 사람의 후각 또는 피부를 통해 정신적 · 신체적 치유 및 개선 효과가 있는 작용을 한다.

센셜 오일(Essential oil)에서 나는 향을 말하며, 이 향기나는 에센셜 오일을 이용하여 인체의 특정 부분의 질환 또는 정신적인 기능을 높이거나 낮추기 위하여 사용하는 행위를 아로마테라피라 한다. 아로마테라피는 향기나는 식물에서 추출한 휘발성 물질을 사용하여 심신을 건강하게 하는 것으로 방향(芳香)요법 또는 향기(香氣)요법이라고도 한다. 이는 각종 식물의 꽃, 줄기, 잎, 뿌리, 열매 등에서 추출해 낸 에센셜 오일(Essential oil, 정유)을 후각이나 피부를 통해 인체에서 흡수시켜 정신과 육체의 질병을 예방하고 치료하며 건강의 유지 · 증진을 도모하는 요법으로 대체요법의 하나이다.

아로마테라피는 식물을 이용한 자연 치료 요법 더 넓게는 자연을 이용한 생화학 요법으로 이해할 수 있다. 우리 몸의 세포들은 매분 백만 건에 가까운 화학 반응을 수행하는데, 자연에서 성장한 식물들에는 우리 몸의 이러한 화학 반응에 유익한 영향을 미치는 입자들이 있다. 이러한 입자들을 식물에서 추출하여 코 또는 피부를 통해 우리 몸에 유입시키면 다양한 효과를 나타내게 된다. 주로 흡입, 마사지, 습포, 목욕, 족욕 등의 방법으로 시행한다.

아로마테라피의 역사

석기시대나 청동기시대와 같은 선사시대 이전까지 거슬러 올라갈 수 있다. 이러한 사실은 당시에 그려진 벽화나 유물 등을 통해 추정할 수 있다. 고대인들은 자연 습득 내지는 시행착오적인 경험을 바탕으로 주변에 산재하고 있는 특정 식물들이 상처를 낫게 하는 치유에 도움이 된다는 사실을 알게 되었다. 또한, 사람들은 질병에 걸렸을 때 병을 마귀가 가져다준 것으로 생각하여 '병마(病魔)'라고 했으며, 이 병마는 신비한 향기를 두려워한다고 믿어 질병을 치료하기 위해 향기가 나는 식물을 사용하였던 것이다. 따라서 전염병이 유행하는 지역에 마귀를 쫓아내기 위한 주술적인 용도로 향기가 있는 식물을 채집해 뿌리기도 했다. 또한, 이 시대 제사를 주관하는 제사장은 몸과 마음을 청결히 하는 예식에 향기 즙을 몸에 바르고 식물을 태워 향기를 하늘로 올려보냈다. 향은 신을 기쁘게 한다고 생각했으며, 영혼을 편안하게 한다고 여겼다. 즉, 당시의 사람들은 식물향기가 영혼뿐만 아니라 몸과 마음을 조절해 주는 작용을 하는 것으로 생각하였다.

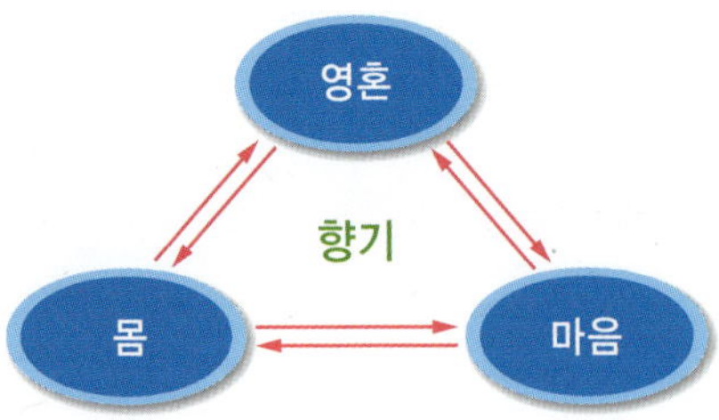

그림 1-1
고대 사람들의 향기에 대한 인식

1 고대 인도, 중국, 이집트

아로마테라피의 기원은 모든 주요 문명의 종교적 · 의학적 · 사회적 실행을 통해 찾아볼 수 있다. 고대인도, 페르시아, 이집트의 문헌에서 볼 수 있으며, 약용식물의 추출은 5,000년 전에 중국, 인도, 이집트 등에서 사용되었고 B.C., 약 3세기경 불교도의 왕 아소카(Ashoka) 시대 때 조직화된 약용식물의 경작이 이루어졌으며 점차 아시아로 전파되었다.

아유르베딕 텍스트(ayurvedic text)라고 불리는 약학서에 각종 식물과 그 식물에서부터 추출한 성분들을 분류하여 자연의 조화에 맞게 치료하는 요법이 기록되어 있다. 사용된 오일들은 sandalwood(샌들우드 또는 백단향), myrrh(미르 또는 몰약), ginger(진저 또는 생강), cinnamon(시나몬 또는 계피) 등이며, 주로 종교행사용, 미라 방부제, 화장품 등으로 사용되었으나 고대에서는 소구 계층에 속하는 사람(성직자, 왕족, 귀족 계층)만이 향을 사용할 수 있었다. 또한, myrrh(미르 또는 몰약)은 시체에 발라서 미라를 만들기도 하고 성경에 나오는 것으로 예수가 탄생할 때 질병의 예방을 위해 동방박사가 전해준 선물 가운데 하나로 유명하다.

중국에서는 B.C. 약 4,000년경 향을 활용한 기록이 의서에 남아 있으며 약초를 침술과 함께 사용하였으며, B.C. 2000년경 쓰인 '황세내시경'이라는 의학서의 기록에서 약용으로 사용되는 다양한 식물들의 효능에 대해 저술했으며, '본초강목'에는 200가지 이상의 식물을 혼합한 처방을 찾아볼 수 있다. 우리나라에서는 허준의 '동의보감'에서 아로마테라피 역사를 찾을 수 있다.

고대 이집트인들은 약 5,000년 전 아로마 오일을 의학, 미용, 시체 봉합, 종교적 목적 등으로 광범위한 분야에 사용한 최초의 민족이다. 투탕카멘(Tutankhamen)의 무덤을 발굴했을 때 카피(kyphi)의 향을 맡을 수 있었으며 시더우드 오일도 마찬가지로 미라 봉합 때 사용했던 오일로 전한다.

당대 최고 미인인 클레오파트라는 미용방법으로 다양한 아로마를 사용하여 자신을 가꾸었다. 또한, B.C. 2,000년경 파피루스에는 "고품질의 오일, 향료, 향의 선택이 사원의 신을 즐겁게 한다."라고 기록되어 있으며 오래된 식물의 효과와 사용법에 대한 기록이 남아 있다.

2 그리스와 로마

B.C. 약 4,000년경에 그리스의 헤로도토스와 데모크라테스가 이집트를 방문하여 이집트의 발달된 향기와 향수에 관해 공부하고 돌아와 그리스에 메디칼 학교를 설립하였다. 또한, 히포크라테스도 다양한 종류의 에센셜 오일 사용 방법을 자료화하였으며 "건강을 유지하는 최상의 방법이 아로마 목욕과 마사지의 일상화"라고 말했다.

B.C. 1,240년 유태인이 이집트에서 이스라엘로 대이주할 때 수많은 희귀한 고무수지와 오일들이 함께 이동되었다. 출애굽기에 의하면 그들의 여정 중에 모세는 신으로부터 성유를 만드는 법을 전수받았는데, 그 재료 중에는 미르, 시나몬, 칼라무스, 카시아, 올리브 오일 등이 포함되었다. 이 성유는 성직자로 봉헌할 때 세대에 걸쳐 사용되었다. 또한, 예수의 탄생 때 프랑킨센스와 미르가 동양의 보배로서 바쳐졌다는 언급을 성경에서 볼 수 있다.

향 재료는 그리스를 거쳐 로마에 전해졌으며, 고대 로마인들은 이 향 재료를 "동양으로부터 빛이 왔다."라는 말로 극찬을 했고, 그 빛에 또 하나의 요소인 방향성이 있는 향기를 첨가하는 등 현실적이었던 로마인들은 동양으로부터 온 그 선물을 잘 이용하여 계속 발전시켰다. 특히 네로 황제 시대에는 로즈향을 즐겨 사용하였으며 로즈 에센셜 오일뿐만 아니라 연회장에 오는 손님들에게 로즈 화관을 씌워 주고 분수에서는 로즈 화장수와 로즈 푸딩을 먹을 정도였다. 또한, 목욕 문화의 발달로 대규모의 목욕탕 시설이 갖추어졌으며 이때 사용되었던 에센셜 오일들은 타임(thyme), 로즈메리(rosemary), 세이지(sage), 펜넬(fennel), 로즈(rose), 캐모마일(chamomile) 등으로 약용식물 도감을 통하여 알려졌다.

3 중세

고대 로마의 멸망과 함께 무너지고 기독교가 지배하던 중에는 암흑시대에 빠져들었다. 그러나 중세 암흑시대도 새로운 탐구가 끊임없이 시도되면서 종교에 억눌렸던 인간을 재발견하자는 운동, 즉 '르네상스(renaissance)'가 시작되었다.

12세기경에는 이슬람교도를 정벌하고자 원정을 떠났던 십자군이 돌아오면서 동양의 진귀한 향기물질, 즉 향료(香料)를 함께 가져와서 순수한 아로마 오일을 추출해 낼 수 있는 증류법도 유럽에 소개하였다.

또한, 중세에는 전염병이 돌아 소나무나 로즈메리 등의 향기식물을 길거리에서 태우거나 향기물질을 몸에 지녀 전염병의 확산을 막

으려 했으며, 유럽에서는 라벤더, 세이지, 로즈메리 등의 토종 향기 식물이 연구되기 시작했다.

당시 아랍인들은 연금술을 연구하던 중 '냉각 장치(cooling condenser)'를 발명하게 되었으며, 이로 인해 아로마 오일의 생산에 현대적인 개념의 증류법(distillation)을 도입하게 되었다. 그 당시 증류법에 의해 현재의 아로마 오일과 유사한 장미유(rose oil)가 장미꽃으로부터 최초로 얻어지기도 하였다. 또한, 아랍인들은 최초로 순수한 에틸알코올을 냉각장치를 이용한 증류법에 의해 얻었는데, 이는 몇천 년 동안 쓰여 왔던 지방유 대신 아로마 오일을 추출하는 새로운 용매로 사용되었다.

영국에서는 정유를 13세기에 처음 사용했다는 기록이 있다. 장갑 만드는 기술자들이 가죽에서 나는 냄새를 막기 위해 장갑에 정유의 향을 많이 사용했는데, 이로 인해 그들은 정유의 방부 효과가 큰 것을 알고 체취와 냄새 제거뿐만 아니라 최음제 등 이약성분으로 널리 사용하였다.

1370년에 탄생한 최초의 알코올 향수인 '헝가리워터(hungary water)'는 로즈메리 오일을 에탄알코올에 녹여 만든 것으로 헝가리의 어떤 수도사가 엘리자베스 여왕을 위해 만들어 바친 것으로 유명하며 당시 신경통으로 고생하던 엘리자베스 여왕은 이 향수로 인해 건강을 되찾고 아름다움을 유지할 수 있었다.

4 근세

근세는 프랑스와 영국을 중심으로 발전하는데 프랑스의 화학자 르네 모리스 가테포세는 라벤더 오일의 치료를 입증하였으며 '아로마테라피'란 용어를 사용하였다.

1964년 군의관인 장 발레는 제2차 세계대전 동안 부상당한 군인들에게 에센셜 오일을 적용하였고 그것을 책으로 엮었다.

오늘날에는 실용화되었지만, 전인적 아로마테라피 개발에 많은 역할을 한 사람은 프랑스의 생화학자이며 미용사인 마가렛 뭐리(Marguerte Maury)이다. 현재 영어로 출간된 그녀의 책 'The Secret of Life and Youth'는 에센셜 오일에 대한 실용적인 정보를 많이 주고 있진 않지만, 이 책에서 그녀는 마사지뿐 아니라 사람 마음의 변화를 가져다 줄 수 있는 정신 치료 물질로서 에센셜 오일의 중요성을 강조했다.

1977년 가테포세와 발레의 업적과 이에 영향을 받은 로버트 티서란드(Robert Tisserand)의 저서 'The Art of Aromatherapy'의 발간은 고대로부터 사용한 향료를 학문적인 치료기술인 'Aromatherapy'로 전환하는 새로운 시점이 되었다.

티서란드의 책 출간 이후 수많은 책이 발간되어 아로마테라피가 급속도로 많은 사람에게 알려졌다. 최근에는 19세기 이후 현대의학의 출현으로 부진했던 아로마테라피가 다른 많은 대체의학과 함께 하나의 대체의학으로서 관심을 끌고 있다.

이렇게 식물에서 정제된 에센셜 오일에 대한 사용방법과 치료 효과에 대한 연구가 거듭되었는데 현대에 이르러서는 유럽 특히 영국, 프랑스, 독일을 중심으로 의학적 영역에서도 본격적으로 연구 · 이용되기 시작하였으며 호주, 미국, 캐나다와 우리나라에서도 자연치료 의학계와 화장품 피부 미용계의 관심을 받으며 계속 연구 · 발전되어 가고 있다.

Fleurs sauvages
Aromatherapy

Chapter 2

Essential oil

정유의 일반적인 특징

정유(Essential oil)의 특징

정유 또는 아로마 오일이라고도 하며, 식물의 꽃과 잎, 줄기, 뿌리 등에서 추출한 휘발성이 있는 물질이다. 에센셜 오일은 식물 자체의 자기 번식력, 성장력, 상처 치유력, 방부, 소독 효과를 가지고 있다. 체내 흡수된 오일 분자는 혈액순환을 통해 전신을 순화하고 친화력을 가진 장기를 찾아 기능을 활성화하는데 인체 호르몬과 유사하므로 사용 시 특히 주의해야 한다.

에센셜 오일의 생화학 성분을 좌우하는 환경적 요인들은 기후, 토양, 재배방법, 수확시기, 수확방법 등 여러 가지 요인에 의해 차이를 나타내는데, 수확량이 적은 오일들이 가격대가 높다. 일반적으로 에센셜 오일의 수확량은 1.5kg으로 약 70kg의 허브(Herb)로 1kg의 에센셜 오일을 추출한다.

정유의 작용

1 후각을 통한 흡수 경로

아로마 오일은 대개 피부를 통하거나 호흡기를 통해 체내로 흡수되는데, 이때 흡수된 아로마 오일의 분자들은 혈관으로 들어가 온몸으로 퍼져 비정상적인 세포들을 정상화시키고 체외로 배설되는 경로를 거치게 된다. 후각신경은 다른 감각들보다 예민하며 후각신경을 통한 오일의 흡수속도도 0.5초로 가장 빠르다. 각각의 향 분자들은 다른 모양을 하고 각기 다른 자극을 뇌에 전달하는데, 뇌의 변연계에 전달된 입자는 신경화학물질을 생성한다. 이 신경화학물질은 뇌하수체에 영향을 주어 호르몬 분비를 조절하며 시상하부를 자극한다.

또한, 코의 후각신경을 통해 대뇌(cerebrum) 신경계에 향기에 대한 정보가 전달된다. 대뇌 신경계는 감정을 조절하고 자율신경이나 호르몬의 중추가 있는 부분이므로 후각신경을 통해 전해진 향기 신호의 영향으로 몸과 마음의 질병이 치유된다.

코 → 후각신경 → 변연계 → 시상하부 대뇌피질 → 뇌하수체 → 호르몬 분비 / 자율신경계 조절

TIP 변연계(邊緣系, limbic system)

뇌의 중심에 위치한 시상(視床, 후각신경 이외에 모든 감각 신경이 전달되는 부분으로 시신경의 종점이기도 함)을 주변에서 감싸고 있는 모양에서 비롯됨. 특히 변연계는 소화기관, 생식기관 등의 내장기관을 지배하고 있어 '내장뇌(內腦漿)'라고도 한다.

2 피부를 통한 흡수 경로

피부나 폐를 통해 체내에 유입된 아로마 오일의 분자는 내분비선에 영향을 주며 호르몬의 균형을 조절해 주는 작용을 한다. 이러한 호르몬의 균형은 피부세포의 재생기능과 피지선의 분비를 조절시키는 역할을 한다.

정유의 입자는 일차적으로 모공과 땀구멍을 통해 피부에 흡수될 뿐 아니라 이차적으로 정유의 지용성으로 인해 지방질 속에 녹아들어 피부세포 사이로 침투하여 피부의 진피층까지 흡수된다. 이후에 혈액, 림프순환을 통해 전신을 순환하게 되며 순환하던 정유는 자가면역기구를 고양시키고 친화력을 가진 특정 기관에 머물기도 하며 근육에도 영향을 미친다.

지용성 분자로 이루어진 정유는 20~30분에 내에 피부에 흡수되어 짧게는 몇 시간에서 길게는 며칠 동안 체내에 머물면서 치유한다. 일반적으로는 8시간 체내에 머문 후 소변을 통해 체외로 배설되며 인체의 경우나 정유의 종류에 따라서 오랜 시간 체류한다. 피부에 상처가 있거나 감염이 되었을 때에는 흡수율이 매우 높아지므로 바를 때 주의해야 한다.

표피 → 진피 → 순환계 → 전신

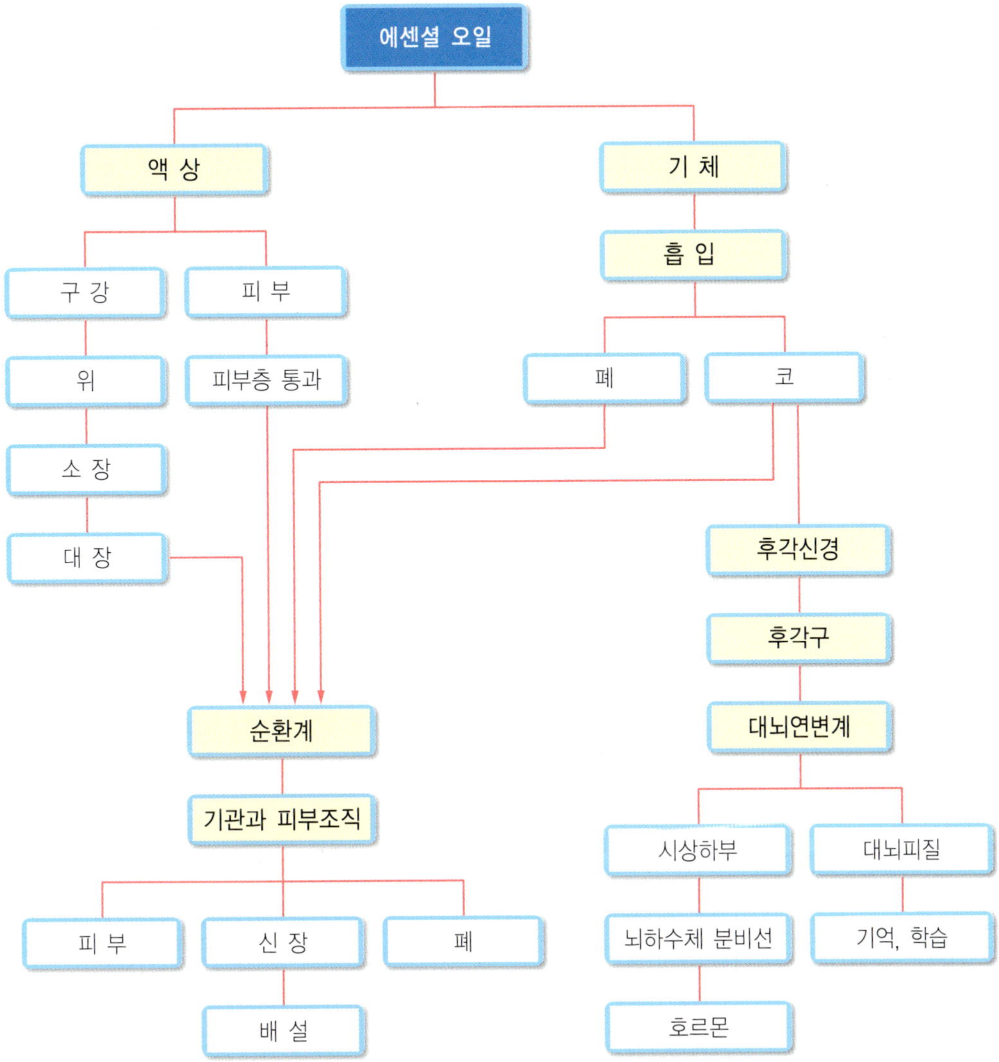

그림 2-1
아로마 오일의 흡수 경로와 뇌에 미치는 영향

향의 분류

오일이 사용되는 장소가 매우 중요하며 습기와 통풍이 적절하고, 집중할 수 있는 곳이어야 한다.

향은 발산 속도에 따라 상향 노트(top note), 중향 노트(middle note), 하향 노트(base note)로 오일을 나눈다. 이 세 가지 노트가 균형적으로 혼합될 때 높은 질의 향수가 탄생된다. 이 노트의 사용은 19세기 프랑스 향수제조자 피아제에 의해 발달되었으며 노트는 음악의 음계에서 도출되었다.

1 향의 휘발 속도

상향(top note)

향수를 뿌린 후 처음 냄새를 맡았을 때 느껴지는 첫 느낌으로 휘발성이 강한 향료들로 이루어져 있다. 상향 노트는 3시간 이내에 증발하는 성질이 있다. 상향은 전체의 5~10% 차지하는 것이 바람직하다. 페놀, 알코올 그룹의 성분이 많이 함유된 감귤계, 민트계가 이에 속한다(유칼립투스, 레몬, 진저, 오렌지, 시트러스, 그린, 라임, 바질 등).

중향(middle note)

알코올이 날아간 다음 나타나는 향취로 대부분 꽃향과 과일향들로 이루어져 있다. 중향은 보통 6시간에서 2~3일까지 그 향을 유지한다. 일반적인 대사에 영향을 준다. 부드러우면서 원만하고 따뜻한 느낌을 주며, 상향과 하향의 중간에 해당되며 배합 시 50~80% 정도 사용한다(저먼 캐모마일, 사이프러스, 주니퍼, 제라늄, 라벤더, 히솝, 네롤리, 로즈우드, 로즈메리 등).

하향(base note)

여러 시간이 지난 뒤 자신의 체취와 섞여서 나는 향취로 주로 휘발성이 낮은 향료들로 이루어져 있다. 하향은 이틀 이상, 일주일까지 향을 유지한다(재스민, 오렌지, 로즈, 벤조인, 시더우드, 미르, 샌들우드, 일랑일랑).

2 향의 유형

표 2-1 에센셜 오일 향의 유형

향의 유형	적용 오일	특징
아니스 열매향(anisic)	펜넬, 아니시드	–사탕 과자향 –상쾌한 향
발삼향(balsamic)	벤조인	–기름지고 달콤한 향 –따뜻한 느낌 바닐라향 –하향의 고착제
캠퍼향(camphoraxeous)	카유푸티, 유칼립투스, 로즈메리	–신선하고 산뜻한 약초 냄새 향
감귤향(citrus)	베르가모트, 레몬 등(냉각 압축법)	–자극적이고 신선한 향
침엽수향(conifer)	파인	–녹색 침엽수 수지에서 추출되는 향 –상쾌하고 활기를 줌
흙향(earthy)	샌들우드, 진저	–풍부하고 신선한 향
분향(faecal)	재스민, 투베로즈, 백합	–인돌이 함유되어 나오는 향
꽃향(floral)	재스민, 로즈, 일랑일랑	–화초 계열의 향
과일향(fruity)	라임	–천연과일 향
약초향(herbaceous)	라벤더, 마저럼, 로즈메리, 타임	–균냄새 –희미한 나무향 –신선한 향
민트향(minty)	페퍼민트, 스피어민트	–멘톨향 –상쾌한 향 –내부장기 깊숙이 스며드는 듯한 향
기름진 향(oily)	일랑일랑	–고착제를 연상
페퍼향(peppery)	블랙페퍼	–따뜻하면서도 건조한 향
스파이스향(spicy)	클로브버드, 시나몬, 진저	–혀와 코를 찌르는 향
나무향(woody)	시더우드, 샌들우드	–나무와 비슷한 향

3 향기의 강도(1~10)

블렌딩은 하나의 에센셜 오일을 혼합할 때 사용하는 것이 아니고 여러 오일을 혼합할 때 사용된다. 각 에센셜 오일이 갖고 있는 향을 느끼는 정도를 알기 쉽게 숫자로 구분한 것으로, 숫자가 높을수록 향기가 강하다.

표 2-2 에센셜 오일의 향의 강도

에센셜 오일	향기 강도	에센셜 오일	향기 강도	에센셜 오일	향기 강도
안젤리카	9	유향	7	파촐리	7
아니시드	7	진저	7	블랙페퍼	7
바질	7	주니퍼 베리	5	페퍼민트	7
베르가모트	5	라벤더	5	페티그래인	5
시더우드	6	오렌지	5	솔잎	5
시나몬	7	레몬	5	로즈(absolute)	7
시트로넬라	6	레몬그라스	6	타임	7
클라리세이지	5	만다린	5	로즈메리	6
클로브버드	8	몰약	7	로즈우드	5
유칼립투스	8	네롤리	5	세이지	6
펜넬	6	너트메그	7	샌들우드	7

정유의 추출

1 정유의 추출부위

아로마 에센셜 오일은 꽃, 잎, 과일, 씨앗, 나무, 줄기뿌리 등 식물의 다양한 부위로부터 추출되는 휘발성 향기물질로 식물의 분비샘, 털 또는 특별한 구조 속에 작은 방울의 형태로 존재하고 있으며 식물에 따라 특별한 생물학적 특성을 지니고 있다.

아로마 에센셜 오일은 각종 식물의 꽃, 잎, 열매, 뿌리 등에 따라 다르게 추출되며, 추출부위에 따라 치료 효능도 다르다.

표 2-3 추출부위에 따른 오일의 종류와 효능

추출부위	에센셜오일	효능
꽃	재스민, 로즈, 네롤리, 일랑일랑, 캐모마일	소화 기관, 흡수, 배설, 생식의 대사 작용
잎	로즈메리, 팔마로사, 페티그레인, 파촐리, 레몬그라스, 유칼립투스, 라벤더, 티트리	호흡기 질환
나무	시더우드, 샌들우드, 로즈우드 등	비뇨, 생식기관 감염 치료
뿌리	진저(생강), 베티베르, 안젤리카 등	신경계 질환 진정작용
과일의 껍질	레몬, 라임, 베르가모트, 오렌지, 만다린 등	소화 기관, 흡수, 배설, 생식의 대사 작용, 방부, 해독
잎과 꽃봉오리	제라늄, 라벤더, 로즈메리	활력증진, 장부

2 정유의 추출 방법

에센셜 오일을 추출하는 방법은 여러 가지가 있으며, 허브 식물로부터 다양한 방법에 의해 추출된다. 방법으로는 증류법(Distillation), 압착법(Expression), 용매추출법(Solvent extraction), CO_2추출법(CO_2 extraction) 등이 있으며 대부분의 오일은 증류법에 의해 추출된다.

(1) 증류법(Distillation process)

식물에 수증기를 통과시킨 후 냉각하여 히드로졸 위에 뜨는 오일을 얻는 방법으로 간편하고 효율적이지만 고온의 수증기를 이용하기 때문에 향기 성분이 파괴될 수 있어 열에 약한 성분이나 오일의 함량이 적은 식물은 부적합하다. 증류법은 물 증류법(Water Distillation)과 수증기 증류법(Steam Distillation) 등으로 나뉜다.

① 물증류법(Water distillation)

식물 원료를 직접 물에 넣어 끓여 증기를 만들어내는 방법이다. 이에 비해 수증기 증류법은 큰 통에 물을 붓고 채를 올려놓은 후 채 위에 증류할 식물을 올려놓고 열을 가하여 증기를 만들어 내는 방법이다.

② 수증기증류법(Steam Distillation)

대량으로 아로마 오일을 얻어낼 수 있는 장점이 있으나 고온에서 일부 열에 불안정한 성분이 파괴되는 단점도 있다. 일반적으로 아로마테라피의 목적으로는 수증기 증류법에 의해 얻어진 것이 대부분 사용되고 있다.

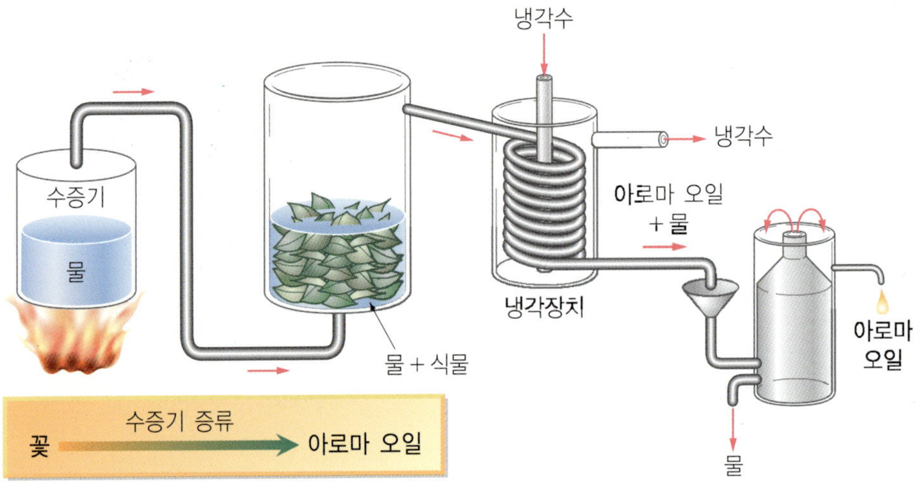

그림 2-2
수증기 증류법

(2) 압착법(Expression)

압착법은 감귤류의 오일을 추출하는 방법으로 과일껍질에서 추출하는 오일은 열에 매우 약하므로 열이나 수증기를 가하지 않고 일정한

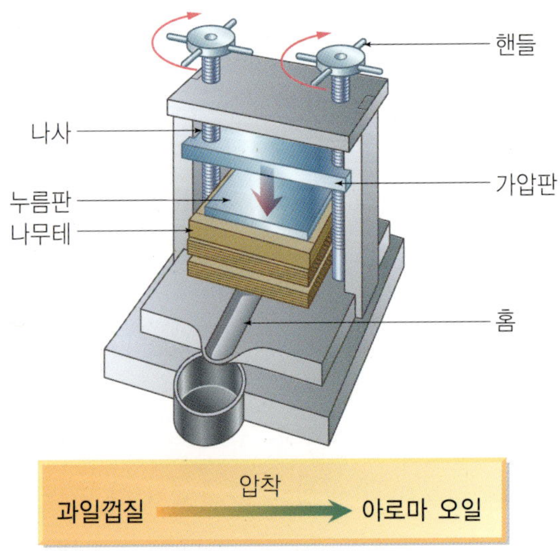

그림 2-3
냉각 압착법

압력을 가하여 추출하는 방법을 이용한다. 압착할 때 향기성분이 일부 파괴되는 것을 막기 위해 감귤류 껍질을 보통 냉각한 후 압착하고 있기 때문에 '냉각 압착법'이라고도 한다.

(3) 용매추출법(Solvent extraction)

용매추출법은 휘발성 혹은 비휘발성 용매를 사용하여 비교적 낮은 온도에서 아로마 오일을 얻어내는 데 이용된다.

① 휘발성 용매추출법

로비퀴트(Robiquet)에 의해 처음으로 응용된 추출법이다. 헥산(hexane)과 석유에테르(petroleum ether) 같은 휘발성 용매를 사용하여 신선한 꽃을 씻어내면 꽃의 색소와 에센셜 오일을 용해하는데 용매제는 여과되고, 잔여물은 에센셜 오일을 함유한 왁스 형태의 콘크리트가 된다. 콘크리트를 알코올로 희석하면 왁스는 녹지 않고 에센셜 오일만 녹아 나온다. 이중 여과를 거쳐 이중 응축을 시켜 왁스와 잔류 용제를 제거하면 앱솔루트가 얻어진다(로즈, 네롤리, 카시아, 재스민, 클로브에 널리 이용된다).

② 비휘발성 용매추출법

동물이나 식물의 지방을 용매로 이용하는 방법이다.

- 냉침법(Enfleurage) : 유리판에 지방을 얇게 바르고 그 위에 꽃잎들을 겹치지 않게 깔아 놓는다. 그 유지에 꽃잎의 오일이 흡수되면 꽃잎들을 떼어내고 다시 새 꽃잎들로 바꾸어 놓는다. 이와 같은 과정을 반복해서 유지에 꽃잎의 오일이 포화되면 분리제를 이용하여 에센셜 오일을 분리해서 얻어낸다(장미, 라벤더, 일랑일랑, 제라늄 등에 쓰이는 방법이다).

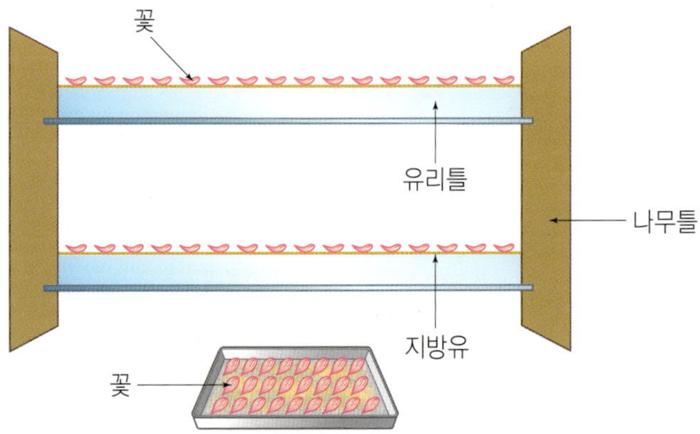

그림 2-4
냉침법

• 온침법(Maceration) : 유리병에 올리브유, 해바라기유 등의 식물성 오일을 가득 넣어 1~2 주 햇빛이 잘 드는 곳에 놓아둔다. 그 다음 식물을 걸러내고 새로운 식물을 넣는다. 이와 같은 작업을 반복하면 식물에서 향을 얻어낼 수 있다. 마른 식물보다는 싱싱한 식물에서 많은 향을 추출할 수 있다. 종류에는 아르니카 인퓨즈드 오일, 칼렌둘라 인퓨즈드 오일, 캐럿 인퓨즈드 오일, 하이퍼리쿰 인퓨즈드 오일, 프로방스 등이 있는데, 프로방스는 야로우를 올리브 오일에 2주간 침출시켜 베이스 오일로 사용하며 화상에 효과적인 치료 특성을 가지고 있다.

③ CO_2 추출법(CO_2 extraction)

식물의 재료에 고압상태에서 액화된 이산화탄소를 가하면 향기물질이 용해된다. 이후 향기물질이 용해된 이산화탄소를 다시 증발시켜 정유를 추출해낸다. 또한, 기존 헥산(hexane), 석유에테르(petroleum ether) 대신 대기압 하에서 쉽게 기체로 변하는 이산화탄소를 사용하기 때문에 잔류 용매를 거의 남기지 않는다. 경제적으로 비용이 많이 드는 단점이 있지만, 성분의 파괴가 거의 없을 뿐 아니라 용매

표 2-4 정유(Essential oil)의 추출법과 장 ·단점

추출법	장점	단점
수증기 증류법	• 가장 경제적인 방법이다. • 짧은 시간에 많은 양을 추출할 수 있다.	• 향기물질이 물과 열에 의해 분해될 수 있다.
압착법	• 열에 영향을 받지 않는다.	• 시트러스 계열의 오일만 추출 가능
냉침법	• 다른 추출법에서 얻기 어려운 성분도 추출 가능하다. • 솔벤트 잔여물이 남지 않는다.	• 시간이 많이 필요하다. • 많은 노동력이 필요하다.
온침법	• 오일 수확률이 높다.	• 솔벤트의 잔여물이 남을 수 있다.
이산화탄소추출법	• 추출 과정 시간이 짧다. • 열에 의한 변질이 적다. • 불순물이 적어 치유용으로 사용 가능하다.	• 추출비용이 매우 비싸다.

를 완벽하게 제거할 수 있어 고순도의 아로마 오일을 추출하는 데 사용되고 있다.

정유의 화학 성분

주요 화학구성 요소는 식물이 분포된 지리학적 지역과 식물의 추출 부위 및 수확시기, 기후조건, 토양, 고도에 따라 에센셜 오일의 품질이 결정된다. 보통 한 개의 에센셜 오일에 100여 종의 아로마 분자가 있으며 분자의 수는 10~500여 종까지 다양하다.

에센셜 오일의 대부분 모든 분자는 탄소(C), 수소(H), 산소(O)로 구성되어 있으며 그 외의 유황화합물, 질소화합물들이 일부 포함되어 있다. 에센셜 오일을 구성하는 물질을 두 그룹으로 나누는데 탄화수소와 산화물질이다. 탄화수소는 탄소(C)와 수소(H)를 중심으로 결합되어 있으며 테르펜(Terpenes)이라고 한다. 산화물질은 탄화수소류에 산소가 결합한 산화화합물로 테르페노이드(Terpenoids)라고 한다.

주로 알코올(Alcohol), 페놀(Phenol), 케톤(Ketone), 에스테르(Ester), 알데히드(Aldehyde), 에테르(Ether), 산화물(Oxide), 락톤(Lactone), 산(Acid) 등이 있다.

1 테르펜(Terpenes)

테르펜은 수소와 탄소분자로 이루어져 있으며 모든 테르펜은 식물 생화학의 필수적인 뼈대를 이루는 기본 단위인 이소프렌(Isoprene : 탄소 5개로 구성) 구조를 기초로 하고 몇 개의 이소프렌으로 구성되었느냐에 따라 모노테르펜(Monoterpenes), 서스퀴테르펜(Sesquiterpenes), 디테르펜(Diterpenes)으로 나뉜다.

모노테르펜(Monoterpenes)

두 개의 이소프렌으로 구성되었으며 탄소 10개를 가지고 있는 불포화 탄화수소이고, 표기법은 끝에 '-ene'를 붙인다.

일반적으로 안전하며 가장 무해한 성분 중 하나이다. 색깔이 비교적 투명하고 점도가 약하다. 산화가 쉽게 되며 한 번 산화되면 피부에 자극을 일으킬 수 있으므로 공기에 노출되지 않게 보관한다. 이 성분이 많이 함유된 감귤류 오일, 예를 들어 레몬, 오렌지, 만다린 등이 있으며 정신을 맑게 하고 집중력을 높여 주는 효능과 진통, 방부, 항균, 항바이러스, 신진대사, 인체 기능 자극 및 활력을 부여하는 효과가 있다(베르가모트를 제외한 감귤류 오일, 펜넬, 네롤리, 예로, 티트리, 프랑킨센스, 파인).

스퀴테르펜(Sesquiterpenes)

모노테르펜(Monoterpenes)만큼 쉽게 산화되거나 휘발되지는 않는 경향이 있다. 세 개의 이소프렌으로 구성되었으며 탄소 15개를 가지고 있는 불포화 탄화수소이며, 표기법은 모노테르펜같이 끝에 '–ene'를 붙인다. 대표적인 성분으로는 캐모마일에서 추출하는 카마줄렌(chamazulene)이 이에 속한다. 진통, 방부, 항염, 항알레르기, 항박테리아, 진정, 혈압저하, 경련감소 효과가 있다(레몬, 베르가모트, 일랑일랑, 저먼 · 로만 캐모마일, 멜리사, 샌들우드).

디테르펜(Diterpenes)

네 개의 이소프렌으로 구성되었으며 탄소 20개를 가지고 있는 불포화 탄화수소이고, 표기법은 모노테르펜 같이 끝에 '–ene'를 붙인다. 분자구조상 무거우므로 때문에 증류과정에서 추출되며 다이터펜을 함유한 아로마 에센셜 오일은 찾아보기 어렵다. 효과는 항진균성, 항균, 거담, 호르몬계에서의 조화 효과도 나타낸다.

2 알코올(Alcohol)

알코올은 가장 다양한 테르펜계 유도체이다. 이들은 보통 10개의 탄소를 함유하는 모노테르펜을 기본으로 한다. 끝에 '–ol'로 표기된다.

알코올은 정유에 함유된 대표적 성분으로 가장 안정되며 많은 치료 효과를 가지고 있는 성분 중 하나이다. 무독성이며 효능이 부드러워 피부 자극이 없으며 어린이나 노약자에게도 안전하게 사용할 수 있다. 항전염성, 항바이러스, 항균성, 이뇨/배뇨, 강장의 효과가 있다.

3 페놀(Phenol)

이름의 끝에는 접미사 '-ol' 또는 '-ole'로 끝난다.

알코올과 마찬가지로 페놀은 -OH(수산기)를 가지고 있다.

페놀이 주성분인 오일은 방부작용을 하며 페놀 성분을 다량 함유한 에센셜 오일은 저 농도로 단기간 동안 사용해야 한다. 장기간 또는 용량 과다하게 사용하는 경우 피부를 자극할 수 있으며 간 손상, 피부, 점막을 자극할 수 있으므로 피부에는 희석하여 사용하여야 한다. 어린이와 임신한 여성은 페놀이 함유되어 있는 오일을 이용하지 말아야 한다.

항진균, 항바이러스, 항박테리아, 항염, 항경련, 진정, 흥분, 혈액순환촉진, 면역계에 좋은 효과가 있으며 타임, 마저럼, 클라리세이지 등 대표 오일이다.

4 케톤(Ketone)

케톤은 구조적으로 알데히드와 비슷하다. 가운데 탄소에 산소원자가 더블밴드로 결합한 형태로 끝에 '-one'로 표기된다.

케톤은 안정된 물질이며 더 이상은 쉽게 산화되지 않는다. 케톤은 여러 종류의 오일에 함유되어 있으나 그 양은 극히 적은 편이다. 어린아이와 임산부는 케톤이 함유된 오일은 금해야 한다. 반면 용량을 적게 사용하면 세포생성이나 재생에 좋은 효과가 있다. 거담, 점액용해(진해), 소화촉진, 항염, 신정, 항응고, 상처치유 등 좋은 효과가 있으며 로즈메리, 유칼립투스, 히솝, 펜넬, 멘톨, 재스민 등이 대표 오일이다.

5 에스테르(Ester)

에스테르는 알코올이 산과 반응하면서 발생하는 화학적 조직체이다. 일반적으로 yl-ate로 표기된다. 부작용이 거의 없이 안전하다. 대부분의 에센셜 오일에서 발견되며 미량 상태로 존재하고 있다. '과일향'을 부여하는 역할을 한다. 중추신경계에 직접적 릴렉스 효과를 주어 신경을 안정시키고 긴장을 완화시켜 주는 작용이 우수하다. 신경성 근육통, 신경성 소화불량, 신경성 생리통, 항진균, 항염, 항경련, 상처치유, 근육경련 감소에 좋은 효과가 있다. 라벤더, 로만 캐모마일, 페퍼민트, 베르가모트, 클라리세이지 등이 대표 오일이다.

6 알데히드(Aldehyde)

알데히드는 일차 알코올의 산화로 만들어진다. 알데히드는 광범위한 자연 에센셜 오일의 구성 성분이다. 일반적으로 끝에 '-al'로 표기된다. 알데히드가 주성분인 정유는 염증 완화작용, 방부, 항바이러스, 강장, 신경 안정작용을 하는 데 효과적이다. 특히 오일을 낮은 농도로 했을 때 더욱 효과적이며 높은 농도로는 부작용이 일어나거나 피부를 자극할 수 있다. 레몬그라스, 멜리사, 시나몬, 유칼립투스 등이 대표 오일이다.

7 산화물(Oxide)

정유에서 드물게 발견되며 '-ol, Oxide'로 표기된다. 산화물은 높은 온도 그리고 공기나 물에 장시간 노출 시 쉽게 분해되는 보기 드문 그리고 반응성이 매우 큰 화학물이다. 산화물은 분자에서 하나의 산소원자가 두 개의 탄소원자 사이에 위치하고 있는 물질이다(C-O-C). 거담 작용이 있어, 점액질을 묽게 희석시켜 폐와 기관지를 깨끗하게 한다. 유칼립투스가 대표 오일이다.

8 락톤(Lactone)

에스터 성분이 탄소링 시스템과 결합된 형태로 분자의 크기가 커서 증류 과정에서 걸러진다. 그러나 락톤의 간단한 분자들이 아로마 오일에 함유되어 있는 경우 이러한 것들이 낮은 휘발성을 가지며 자외선과 만나면 화학적 반응을 일으켜서 피부를 검게 타게 만들면서 피부에 자극을 준다.

거담, 점액용해성(만성기관지염)효과가 있으며 베르가모트, 레몬, 그레이프프루트, 오렌지 비터 등이 대표 오일이다.

9 산(Acid)

산은 정유에 정의 존재하지 않고 샌들우드 등에 에스터와 결합한 상태로 존재하고 있다. 아로마틱 히드로졸(aromatic hydrosol)의 형태

표 2-5 에센셜 오일과 화학 구성별 효능효과

화학적 그룹	구성	오일	효능효과
테르펜(Terpenes)	모노테르펜(Monoterpenes)	베르가모트를 제외한 감귤류 오일, 펜넬, 네롤리, 예로, 티트리, 프랑킨센스, 바질, 파인	진통, 방부, 항균, 항바이러스, 신진대사, 인체 기능 자극 및 활력 부여
	서스퀴테르펜(Sesquiterpenes)	레몬, 베르가모트, 일랑일랑, 저먼 캐모마일, 로만 캐모마일, 멜리사, 샌들우드	진통, 방부, 항염, 항알레르기, 항박테리아, 진정, 혈압저하, 경련감소
	디테르펜(Diterpenes)		항진균성, 항균, 거담, 호르몬계에서의 조화
알코올(Alcohol)			항전염성, 항바이러스, 항균성, 이뇨/배뇨, 강장제
페놀(Phenol)		타임, 마저럼, 클로브, 세이지	항진균, 항바이러스, 항박테리아, 항염, 항경련, 진정, 흥분, 혈액순환촉진, 면역계
케톤(Ketone)		로즈메리, 유칼립투스, 히솝, 펜넬, 멘톨, 재스민	거담, 점액용해(진해), 소화촉진, 항염, 진정, 항응고, 상처치유
에스테르(Ester)		라벤더, 로만 캐모마일, 페퍼민트, 베르가모트, 클라리세이지	신경성 근육통, 신경성 소화불량, 신경성 생리통, 항진균, 항염, 항경련, 상처치유, 근육경련감소
알데히드(Aldehyde)		레몬그라스, 멜리사, 시나몬, 유칼립투스	염증 완화작용, 방부, 항바이러스, 강장, 신경 안정작용, 순환계 자극
산화물(Oxide)		유칼립투스	점액 용해
락톤(Lactone)		베르가모트, 레몬, 그레이프프루트, 오렌지 비터	거담, 점액용해성(만성기관지염), 광감성, 해열제, 안정제
산(Acid)		샌들우드, 벤조인	항염, 방부, 보습, 해열

로 존재하며 낮은 휘발성을 가지고 있다. 항염, 방부, 보습, 해열에 효과가 있으며 샌들우드, 벤조인이 해당 오일이다.

정유의 블렌딩(Blending)

아로마 오일은 단독으로도 사용하지만 그들이 가지고 있는 특유의 성질로 한 종류만 사용할 때보다 2~5가지의 오일을 블렌딩했을 때 시너지 효과가 월등하다.

블렌딩은 각각의 에센셜 오일을 혼합하거나 다른 매개물에 섞는 행위를 말하며, 매혹적인 향기 오일과 치료적인 오일을 혼합하여 사용할 수 있다. 향은 분자 크기에 따라 휘발되는 속도가 다른데 이러한 휘발성과 성질에 따라 상 · 중 · 하향으로 구분한다.

향기요법은 치료효능을 극대화할 수 있는 에센셜 오일들을 혼합해서 사용할 때 좋은 처방이 될 수 있는데, 좋은 향을 만들고 향기의 지속력을 유지시키기 위해서는 이 세 가지 향을 균형 있게 혼합하는 것이 중요하다.

1 블렌딩 방법

에센셜 오일의 선택 시 향의 선택이 중요하다. 향에 따라 다른 에센셜 오일을 더욱 강화하며 균형을 잡거나 조화시킬 수 있기 때문이다. 같은 식물종 계열의 에센셜 오일을 블렌딩하면 무난하며, 상 · 중 · 하향을 균형 있게 조합하면 균형 있는 향이 만들어진다.

2 블렌딩 비율

에센셜 오일의 블렌딩 비율은 일반적으로 2~5% 정도로 블렌딩하여 사용한다. 얼굴에는 3% 이상은 사용하지 말아야 한다.

에센셜 오일은 반드시 황갈색이나 푸른색과 같은 색깔 있는 유리병에 보관해야 하며 뚜껑을 꼭 닫아 두어야 한다. 햇빛은 차단하고 어둡고 서늘한 장소에 보관하며 플라스틱 병을 사용해서는 안 되는데, 이는 플라스틱이 향을 흡수하기 때문이다.

* 가장 많이 사용되는 배합 비율은 상향:중향:하향 = 1:2:1 (25%:50%:25%)

3 블렌딩 계산법

에센셜 오일의 측정 시 방울계산법(Drop method)을 이용할 수 있다. 사용하는 방울의 수는 계산하는 병의 크기의 반에 해당한다(50mL =25drops). 이 방법은 3% 이하에서만 가능한 방법이다. 1티스푼(ts)에는 2~3방울을, 1 테이블스푼(ts)에는 7~8방울을 더하면 된다. 블

표 2-6 정유 블렌딩 용량측정법

정유의 양	정유의 방울 수
정유 1mL	20방울
정유 5mL	100방울
정유 8mL	140~160방울
정유 15mL	280~350방울
정유 30mL	560~700방울
얼굴에 사용하는 정유	캐리어 오일 50mL에 10~20방울
전신에 사용하는 정유	캐리어 오일 50mL에 10~20방울
마사지에 사용하는 정유	캐리어 오일 50mL에 25방울
흡입에 사용하는 정유	물 1mL에 5방울
습포에 사용하는 정유	물 1mL에 10방울
목욕에 사용하는 정유	6~15방울

렌딩한 오일은 6개월간 유효하며 호호바 또는 증류된 코코넛 오일을 쓴 경우에는 좀 더 오랜 기간 사용할 수 있다. 에센셜 오일 20방울은 1mL에 해당한다.

4 정유의 보관 및 사용 시 주의사항

일상생활에서 정유를 이용하여 아로마테라피를 사용하는 것은 손쉽게 생활을 즐겁고 건강하게 만들어 준다.

에센셜 오일 사용 시 희석하지 않고 원액을 피부에 직접 적용은 피하는 것이 좋다. 민감성 피부를 제외하고 라벤더, 티트리는 화상, 벌레 물린 데, 여드름, 피부발진에 소량 사용하면 치료 효과를 볼 수 있다.

사용하기 전에 미리 패치 테스트(patch test)를 실시해 본다. 즉, 아로마 오일 한 방울을 팔뚝의 안쪽 넓은 부위에 떨어뜨리고 우선 15분 정도 경과 후 피부 상태와 자극반응을 관찰한다. 완전한 결과를 보기 위해서는 48시간 경과 후 피부의 상태를 관찰한다.

정유 보관 시 주의 사항

① 정유의 보관은 아이들의 손이 닿지 않는 곳에 보관한다.

② 보관용기에 라벨을 붙여 정확한 농도와 혼합한 시기를 기입해야 한다.

③ 보관 기간을 잘 지켜 사용한다.

*개봉 후 보존 기간은 6개월에서 1년 정도 사용가능하며 정유와 일반 오일을 혼합했을 때 1~2주일 사용이 가능하다.

④ 오일은 반드시 차광 병에 보관한다.

*보관 시 산화방지를 위해 투명한 용기보다는 갈색 유리병을 사용하고, 직사광선이나 창가 등을 피한다. 열이나 빛에 변질될 수 있기 때문이다.

⑤ 보관 시에는 반드시 뚜껑을 닫아 두어야 한다.

*오일은 휘발성이 강해 사용 후 향이 날아가 버릴 수 있다. 산소와의 접촉은 막아야 한다.

5 주요 에센셜 오일의 사용금지 증상

에센셜 오일을 인체에 소량 사용 시 무해하지만 많은 양 사용 시 정확하게 사용해야 한다. 또한, 에센셜 오일을 사용하지 말아야 하는 증상들을 잘 파악하여 사용해야 한다.

- 피부자극 또는 알레르기 : 시더우드, 시나몬, 클로브, 진저, 레몬그라스, 페퍼민트, 파인, 타임, 일랑일랑
- 감광성을 높이는 정유 : 만다린, 오렌지, 베르가모트, 그레이프프루트, 레몬,
- 고혈압 : 레몬 , 타임 ,히솝, 로즈메리, 세이지
- 월경장애 : 사이프러스, 세이지
- 천식 : 로즈메리, 마저럼, 예로
- 유방암 : 클라리세이지, 펜넬, 세이지, 사이프러스
- 임신여성 : 로만 캐모마일, 클라리세이지, 클로브, 사이프러스, 페퍼민트, 바질, 시나몬, 유칼립투스, 펜넬, 히솝, 마저럼, 로즈메리, 타임, 미르, 재스민, 주니퍼, 멜리사
- 전립선암 : 사이프러스, 엔젤리카, 타임, 히솝
- 간질 : 히솝, 로즈메리, 펜넬, 시나몬
- 어린이 : 클로브, 진저, 레몬그라스, 로즈메리, 바질, 세이지, 시더우드, 페퍼민트, 니아울리
- 신경자극 : 주니퍼
- 불면증 : 페퍼민트
- 종양 : 펜넬
- 저혈압 : 일랑일랑
- 안압 : 레몬그라스, 레몬밤
- 갑상선 기능저하 : 펜넬

표 2-7 주요 에센셜 오일의 사용금지 증상

에센셜 오일	Note	금기증상
바질(Basil)	T	임신 중 민감성 피부 금지
베르가모트(Bergamot)	T	광감성, 민감성 피부
클라리세이지(Clary sage)	T	임신 중 금지, 음주 시 금지, 암 환자의 경우, 호르몬계 약물 사용금지
유칼립투스(Eucalyptus)	T	임신 중 금지
레몬(Lemon)	T	광감성
레몬그라스(Lemongrass)	T	피부 민감성
라임(Lime)	T	광감성
만다린(Mandarin)	T	광감성
오렌지(Orange)	T	광감성
파인(Pine)	T	피부 반응검사
블랙페퍼(Black pepper)	M	소량 사용
로만 캐모마일(Roman Chamomile)	M	임신 초기 수개월간 금지
히솝(Hyssop)	M	고농도 시 마취효과, 간질 · 열 · 임신 · 어린이 금지
재스민(Jasmin)	M	임신 중 금지
주니퍼(Juniper)	M	임신 5개월까지 금지, 신장병 금지
미지럼(Marjoram)	M	임신 중 금지
멜리사(Melissa)	M	임신 중 금지, 점막 자극 피부
페퍼민트(Peppermint)	M	임신 중 금지, 점막 자극 피부
로즈메리(Rosemary)	M	간질, 고혈압, 임신 중 금지
세이지(Sage)	M	수유 시 금지
타임(Thyme)	M	피부 점막자극, 고혈압, 임신 중 금지
펜넬(Fennel)	TM	임신, 간질, 어린이 금지
그레이프프루트(Grapefruit)	TM	광감성
일랑일랑(Ylang ylang)	MB	피부 민감, 과다 사용주의
시나몬(Cinnamon)	B	임신 중 금지, 점막 자극, 신장, 간질환에 금지

표 2-8 에센셜 오일의 휘발도

구분	탑노트(상향)	미들노트(중향)	베이스노트(하향)
종류	레몬, 유칼립투스, 오렌지스위트	제라늄, 라벤더, 카모마일	샌달우드, 재스민, 시더우드
작용	항상 작용	밸런싱 작용	진정작용
증발시간	2시간 이내	6-24시간 정도	2-7일 정도
구성분자	작은 휘발성 분자	작은 휘발성 분자	큰 휘발성 분자
향냄새	상쾌하고 강렬함	온화하고 따듯함	무거우면서 안정적임
혼합시 배율	5-10%	50-80%	5-10%

Chapter 3

주요 에센셜 오일

바질(Basil)

- 학명 : Ocimum basilicum
- 원산지 : 프랑스, 미국, 남아메리카, 아프리카
- 추출부위 : 잎, 꽃의 머리 부분
- 추출법 : 수증기 증류법
- 향의 휘발도 : top note
- 향기 타입 : 매우 가볍고 상쾌하며 달콤한 꽃향
- 기원 : 고대 그리스 귀족들이 목욕과 바디 마사지에 사용하였으며, 이집트인들은 신에게 제물을 바칠 때 향으로 사용하거나 미라를 만들 때 몰약에 향유를 혼합하여 사용하였다. 인도인들은 죽은 사람의 영혼을 달래는 목적으로 사용하였고, 서양에서는 그리스도의 부활 이후 그리스도의 무덤 주변에서 발견되었다고

전해지고 있으며, 그리스 정교회는 바질을 성수를 준비하는 데 사용하고 있다. 바질은 향긋한 냄새 때문에 고대 그리스 귀족들이 목욕과 바디 미사지에 사용하였다. 인도인들은 향유가 영혼을 보호한다고 믿으며 힌두교 신인 크리슈나(Krsna)와 비슈누(Visnu)에게 바쳤다.

✚ 식물의 특징 : 키가 90cm 정도의 하얗고 작은 꽃이 피며, 잎은 달걀 모양의 짙은 녹색의 1년생 허브로 향유는 잎에서 추출한다. 아프리카가 원산지이고 요리용 허브로 유럽에서 많이 재배된다.

✚ 효능 · 효과

- 강장제로 효과적이고, 피로 회복과 정화 작용, 여드름에 효과적이다.
- 신경계에 가장 효과적인 오일이다.
- 혈액순환 원활, 소화 촉진, 해열, 기관지염, 감기, 피로, 통풍, 벌레 물린 데, 근육통, 류머티즘, 부비강염, 소화불량에 효과적, 뱀에 물린 곳에 해독, 살충제 등으로 이용하고 방취제, 진정제, 집중력 강화, 벌레 퇴치용으로 사용한다.
- 항우울, 불안, 예민 시 신경 강화, 두뇌기능 촉진, 집중력 강화, 근심과 걱정 안회, 신경증 진정, 히스테리 진정

✚ 블렌딩 효과가 높은 정유 : 네롤리, 베르가모트, 클라리세이지, 라임, 제라늄, 히솝

✚ 사용법 : 흡입, 목욕, 마사지에 사용한다. 뜨거운 성질과 차가운 성질을 모두 가지고 있어 목욕할 때 사용하거나 전신에 부드럽게 펴 바르면 강장 효과가 있다.

✚ 주의 사항

- 민감성 피부를 자극할 수 있으므로 0.2% 이상 쓰지 않는다.
- 유 · 소아의 사용을 금한다.

- 고용량에서 발암성의 위험이 있으므로 극도로 주의해서 사용해야 한다.
- 임신 중이나 간의 장애가 있을 경우 사용을 금한다.

히솝(Hyssop)

✚ **학명** : Hyssopus officinalis

✚ **원산지** : 남유럽, 중앙아시아

✚ **추출부위** : 잎, 꽃

✚ **추출법** : 수증기 증류법

✚ **향의 휘발도** : top note

✚ **향기 타입** : 향기는 진하며 청량감

✚ **기원** : 고대 연금술사들은 하제로 히솝 잎과 뿌리를 가루 내어 사용했고 벌레를 죽이기 위해 연고로 배에 발라 사용했다.

✚ **식물의 특징** : 다년생으로 줄기가 1m 정도이다. 북아메리카에도 야생하고 있으며 프랑스, 독일, 네덜란드, 헝가리, 불가리아 등이 주산지이다. 가지 끝에서 10cm 정도까지 한쪽 3개의 꽃이 핀다. 잎과 꽃에서 추출한 향유는 향수와 카르투지오를 포함한 리큐어(달고 향기 있는 독한 술)에서 사용된다. 가장자리가 톱니 모양으로 된 잎과 작은 분홍색 꽃을 가진 다년생 관목이며 고대에는 창상, 종기, 화상치료 약으로 사용되었다. 또한, 수세기 동안 이 식물의 힘을 믿고 집 주위에 심어 악령을 집 안에 들어오지 못하도록 하였다.

✚ 효능 · 효과

- 향기는 진하고 청량감이 있으며 성서에 등장할 정도로 오래된 약초이다. 또한, 몸의 원기를 회복시켜 주고 호르몬의 균형을 맞춰준다.
- 자극제와 진정제 역할을 동시에 하기 때문에 혈압이 높든 낮든 정상화시켜 준다.
- 호흡기관에 큰 효과가 있어서 기관지염, 기침, 감기 치료에 사용되고 피부 정돈을 위해서도 사용된다.
- 림프순환 촉진, 이뇨, 수렴, 해독, 지혈, 신장 강장, 여성호르몬 조절, 갱년기 장애, 생리 전 증후군, 불임증 및 신장 질환에 적용된다.
- 항염, 피지분비 균형, 모든 피부에 유효, 피부 정화, 여드름, 피부염, 헤르페스, 셀룰라이트에 적용된다.
- 신경계 수렴, 우울과 불안 및 초조함 해소, 스트레스를 감소하는 아드레날린을 자극하여 마음의 균형 회복, 감정의 균형, 기분 고양에 도움을 준다.

✚ 사용법 : 흡입, 목욕, 마사지에 사용한다. 기침할 때 기관지의 상태에 따라 혼합해서 사용한다.

✚ 블렌딩 효과가 높은 경우 : 네롤리, 클라리세이지, 바질, 샌들우드, 베르가모트, 라벤더, 로즈메리, 시더우드, 오렌지, 재스민

✚ 주의사항

- 피부에 과민한 반응을 일으킬 수 있으므로 극소량만 사용한다.
- 임신 중인 여성은 사용하지 않는 것이 좋다.

 베티베르(Vetiver)

+ **학명** : Vetiveria zizanioides
+ **원산지** : 남부 인도, 인도네시아, 스리랑카
+ **추출부위** : 뿌리
+ **추출법** : 수증기 증류법
+ **향의 휘발도** : base note
+ **향기 타입** : 건조한 나무향과 달콤한 향
+ **기원** : 뿌리는 예부터 동양에서 미세한 향을 내는 데 사용되었다. 해충으로부터 가축을 보호하는 데 쓰였고 풀을 엮어서 아로마 향이 나는 돗자리를 만들기도 했다. 인도와 스리랑카에서 '평안을 가져다주는 오일'로 알려져 있다.
+ **식물의 특징** : 다년생의 풀로 줄기는 곧고 잎은 길고 좁으며 하얀 뿌리는 땅속에서 복잡하게 얽혀 있다.
+ **효능 · 효과**
  - 일반적인 감염, 피부 감염, 생리불순, 당뇨병에 효과가 좋다.
  - 관절염, 근육통, 류머티즘, 불면증에 효과가 있다.
  - 여드름, 지성 피부, 상처치유 효과가 높다.
  - 우울증, 신경쇠약, 스트레스 진정, 치과 치료 등에 효과가 있다.
+ **사용법** : 흡입, 목욕, 마사지에 사용한다.
+ **블렌딩 효과가 높은 경우** : 로즈, 샌들우드, 파촐리, 라벤더, 클라리세이지, 일랑일랑과 잘 어울린다.
+ **주의사항** : 무독, 무자극이다.

베이(Bay)

- 학명 : Laurus nobilis
- 원산지 : 지중해 지역
- 추출부위 : 말린 잎
- 추출법 : 수증기 증류법
- 향의 휘발도 : top note
- 향기 타입 : 신선한 향
- 기원 : 로마 황제들은 월계관이라 알려진 베이(월계수) 가지를 썼다. 베이(월계)관을 쓰는 것은 부의 상징일 뿐만 아니라 악령을 피하기 위해서였다. 그리스 여사제들은 수면효과를 위해 베이잎을 씹기도 하고, 만찬 연회 후에는 입 냄새를 없애기 위해 베이잎을 씹었다.
- 식물의 특징 : 요리용 허브로 유명한 베이는 매혹적인 상록 관목이고 잎이 빛나고 질기며, 봄에 황록새 꽃이 핀다.
- 효능 · 효과
  - 소화계에 효과가 높으며 간, 신장을 강화시키는 효과가 있다.
  - 우수한 대뇌 촉진제 및 신경 강화제로 효과가 높다.
  - 피부궤양, 헌 데, 여드름, 종기에 효과가 있다.
- 사용법 : 흡입, 목욕, 마사지에 사용한다. 기분을 상승시키는 효과 때문에 향수나 이국적인 느낌의 입욕제로 널리 쓰이고 있다.
- 주의 사항 : 아스피린(해열제), 헤파린(혈액 응고 방지제), 와파린(항응혈용 약) 복용 시 사용을 금한다.

벤조인(Benzoin)

- 학명 : Styrax benzoin
- 원산지 : 타이, 베트남
- 추출부위 : 나무진(점액)
- 추출법 : 용매추출법
- 향의 휘발도 : base note
- 향기 타입 : 발삼과 바닐라가 조화된 달콤한 향
- 기원 : 벤자민, 수마트라 벤조인, 벤조인검 등으로 불린다. 안식향이라고도 한다. 14세기 수마트라 섬에서 발견되었다. 극동에서는 벤조인 나무에서 추출한 진액은 악령을 쫓기 위한, 향에서 사용하는 주요 요소 중 하나였다. 복합된 냄새는 아주 효능이 뛰어나고, 향수의 고정제(보류제)로 사용된다.
- 식물의 특징 : 벤조인 나무는 보르네오, 자바, 말레이시아, 수마트라, 타일랜드에서 재배된다. 고무나무처럼 나무줄기에 깊이 상처를 내면 껍질에서 진액(껌)을 채취할 수 있다.
- 효능 · 효과
  - 매우 따뜻한 오일의 성격을 띠며 건조하고 갈라진 피부에 좋다.
  - 긴장과 스트레스를 완화시킨다.
  - 폐를 위한 강장, 호흡기 질환, 기관지염, 천식, 감기, 오한과 후두염에 효과가 있다.
  - 항염증성, 방부성, 수렴성, 구풍, 탈취, 거담, 진정, 상처치유 효

능이 있다.

- 기분 진정과 고양, 저하된 정신력과 우울증에 도움이 된다.
- 염증과 세균을 억제하고 쉽게 발산되지 않는 향으로 향수의 원료로 많이 사용된다.
- 건조하거나 노화된 피부에 활력을 주고, 피부 반점을 엷게 하는 효과가 있다.

✚ 블렌딩 효과가 높은 오일 : 제라늄, 로즈

✚ 사용법 : 흡입, 목욕, 마사지에 사용한다. 기분을 상승시키는 효과 때문에 향수나 이국적인 느낌의 입욕제로 널리 쓰이고 있다.

✚ 주의 사항 : 벤조인은 무독성 및 무자극성이다. 그러나 민감성 피부는 과민반응을 유발할 수 있다.

베르가모트(Bergamot)

✚ 학명 : Citrus bergamia

✚ 원산지 : 이탈리아, 모로코

✚ 추출부위 : 과일의 내피

✚ 추출법 : 냉압착법

✚ 향의 휘발도 : top note

✚ 향기 타입 : 가볍고 상쾌하면서 달콤한 과일향

✚ 기원 : 베르가모트는 이탈리아산 감귤의 일종으로 그 이름은 이 오일이 처음 만들어진 도시 '베르가모'의 이름을 따서 지었다. 모로코가 원산지인 베르가모트는 이탈리아에 뿌리내린 후에 그 주

요 특성이 알려졌다.

✚ **식물의 특징** : 4.5m 정도 크기의 감귤류의 작은 나무로, 녹색에서 노란색으로 성숙하는 작은 열매가 열리며 과일의 내피에서 향유를 추출한다. 냄새는 레몬보다 자극적이지만 특성은 비슷하다. 또한, 오렌지 나무와 같은 군에 속하고 향유는 선녹색이고 냄새는 홍차향과 비슷하다.

✚ **효능 · 효과**

- 방부 특성 때문에 입병과 피부감염, 그리고 목 아플 때 치료 효과가 있다.
- 모공수축, 스트레스성 지성 피부, 여드름, 가려움, 건선, 단순포진에 효과가 있다.
- 항우울, 근심 상태에서 긴장 완화, 신경 강장, 교감신경을 감소하여 좌절과 화를 가라앉힘, 불면증, 우울증, 스트레스에 적용 가능하다.

✚ **사용법** : 흡입, 마사지, 목욕에 사용한다. 대부분의 향유와 잘 혼합되고 향수에서 아주 많이 쓰인다. 네롤리, 라벤더와 함께 오데코롱(Eau de cologne)의 주요 성분으로 쓰이며 또한, 긴장 완화와 리프레시한 느낌을 위해 화장품류에서도 많이 쓰인다.

✚ **블렌딩 효과가 높은 정유** : 라벤더, 네롤리, 재스민, 사이프러스, 제라늄, 클라리세이지, 캐모마일, 주니퍼

✚ **주의사항** : 광과민성 반응을 하기 때문에 0.4% 이상은 절대 사용해서는 안 되며 그 이상 사용했다면 24시간 이내에 햇빛에 노출되지 않도록 주의해야 한다.

저먼 캐모마일(German chamomile)

- **학명** : Matricaria chamomilla
- **원산지** : 프랑스, 이집트, 헝가리
- **추출부위** : 꽃, 말린 꽃
- **추출법** : 수증기 증류법
- **향의 휘발도** : middle note
- **향기 타입** : 달콤하고 상쾌한 풀향, 진한 사과향
- **기원** : 데이지처럼 흰 꽃을 가진 강한 사과향의 일년생 허브로 땅을 기면서 자라는 모습 때문에 '땅의 사과'라는 말에서 캐모마일이라는 말이 유래되었다.
- **효능 · 효과**
  - 알레르기, 상처, 염증(궤양), 습진, 민감성 피부와 진균성 감염과 같은 질환과 모든 피부에 탁월한 효과, 염증과 관절 부종에 이용이 가능하다.
  - 항염, 통경, 방광염, 소화불량, 설사, 불면증, 두통에 효과적이다.
  - 신경 강장, 근신 해소, 마음 진정, 분노 해소, 불면증, 스트레스, 우울증, 신경과민에 효과적이다.
  - 가벼운 탈취효과를 준다.
- **사용법** : 마사지, 목욕법에 사용한다. 항염, 알레르기를 예방하는 특성 때문에 화장품 성분과 허브차로 사용된다.
- **블렌딩 효과가 높은 정유** : 마저럼, 레몬, 제라늄, 라벤더, 클라리세이지, 재스민, 파촐리, 로즈, 일랑일랑, 베르가모트
- **주의사항** : 특별한 주의사항이 없으며 어린아이에게도 사용 가능하다.

로만 캐모마일(Roman chamomile)

- **학명** : Anthemis nobilis
- **원산지** : 이탈리아, 프랑스
- **추출부위** : 말린 꽃
- **추출법** : 수증기 증류법
- **향의 휘발도** : middle note
- **향기 타입** : 달콤하고 상쾌한 풀향, 진한 사과향
- **기원** : 털이 많은 가지와 많은 줄기를 가지며 약 25cm까지 자라는 작은 다년성 허브로 깃털 같은 잎과 데이지 같은 흰 꽃을 가진다.
- **효능 · 효과**
  - 진정, 생리통, 관절염, 신경통, 두통, 습진, 피부염, 여드름, 알레르기 상태에 유용함, 건조하고 가려운 피부 정화에 좋음, 아이들에게도 안전하다.
  - 항염, 통경, 방광염, 생리통, 치통, 이통, 두통, 소화불량, 설사, 관절염, 류머티즘에 적용 가능하다.
  - 신경 강장, 근심 해소, 마음 진정, 분노 해소, 불면증, 스트레스, 우울증, 신경과민에 적용 가능하다.
- **사용법** : 마사지, 목욕에 사용한다. 화장품성분과 허브차로 사용된다.
- **블렌딩 효과가 높은 정유** : 베르가모트, 클라리세이지, 재스민, 네롤리, 로즈, 제라늄, 라벤더
- **주의사항** : 임신 초기 4~5개월까지는 사용을 금한다.

시더우드(Cedarwood)

- **학명** : Cedrus atlantica
- **원산지** : 알제리, 모로코, 미국
- **추출부위** : 나무
- **추출법** : 수증기 증류법
- **향의 휘발도** : base note
- **향기 타입** : 달콤한 발삼, 온화한 나무향
- **기원** : '히말라야 삼나무'라고 불린다. '시다(cedar)'는 굳은 신앙의 상징으로 영적인 능력을 의미한다. 방부 특성이 아주 뛰어나 이집트인들이 미라를 만들 때 사용했다.
- **식물의 특징** : 시더나무는 북아프리카와 미국에서 재배되는데, 가치가 아주 높이 평가되고 있고 향기롭다. 울창한 상록의 침엽수로 끝이 뾰족한 피라미드(Pyramid) 형태로 매우 느리게 33m까지 성장하며 붉은 갈색의 둥근 열매를 맺는다. 흑사병이 유행했을 때 시더우드의 가지를 꺾어 큰 광장에서 불을 태워 공기를 정화하는 데 사용하였다. 남성, 여성 향수에 고착제로서 많이 사용하고 있다.
- **효능 · 효과**
  - 림프배출(lymph drainage)을 도와 주며 셀룰라이트 분해에 효과적이다.
  - 관절염, 기관지염, 기침, 방광염에 적용 가능하다.
  - 지성 · 여드름, 피부염, 비듬, 탈모증에 적용 가능하다.

• 신경, 진정, 불안 해소, 명상에 도움을 주며 노란색, 오렌지색을 띠는 에센셜 오일은 향수의 고착제로 많이 사용된다.

• 사용법 : 흡입, 마사지에 사용한다.

✚ **블렌딩 효과가 높은 정유** : 로즈, 베르가모트, 베티베르, 주니퍼, 사이프러스, 재스민, 네롤리, 프랑킨센스, 클라리세이지, 로즈메리, 일랑일랑

✚ **주의사항**

• 피부를 자극하거나 민감하게 할 수 있다.

• 임신 중에는 사용하지 않는 것이 좋다.

• 독성이 없고 자극이 없으나 민감한 피부는 소량 사용한다.

시나몬(Cinnamon)

✚ **학명** : Cinnamomum loureirii

✚ **원산지** : 동인도

✚ **추출부위** : 나무껍질, 잎

✚ **추출법** : 수증기 증류법

✚ **향의 휘발도** : base note

✚ **향기 타입** : 따뜻하고 향기로운, 다소 거친 향

✚ **기원** : 중국에서 사용된 가장 오래된 향유 중 하나이며 중국인들은 시나몬이 없으면 완전한 치료는 불가능하다고 믿었다. 이집트인 · 로마인 · 그리스인들이 사용했고, 구약 성서에도 나와 있다.

✚ **식물의 특징** : '계수나무'라고도 하며, 껍질을 흔히 계피, 또는 계수나무의 두꺼운 껍질이란 뜻으로 육계(肉桂)라 부른다.

시나몬은 특히 매운 향과 맛을 지니고 있다. 따뜻하고 자극적인 향유는 종종 향수에서 사용된다. 작은 흰 꽃과 푸른빛이 도는 흰색의 열매를 가지며 약 15m까지 자라는 열대 상록수이다. 중국인들은 시나몬이 없으면 완전한 치료가 불가능하다고 믿을 정도로 많이 사용한다.

✚ **효능 · 효과**

- 부패방지, 살균, 소독작용, 수렴작용, 지혈작용, 최음작용
- 항통증, 항염증, 항경련작용, 소화 시스템에 강장작용을 한다.
- 피부에는 가급적 사용을 금한다.
- 해독, 혈관확장, 체액흐름 촉진
- 사마귀를 제거하는 효과가 있다.

✚ **사용법** : 흡입, 습포, 마사지에 사용한다. 근육 경련을 완화하기 위해 습포나 마사지법을 이용한다. 포푸리에 향을 강하게 하기 위해 시나몬 껍질이나 향유를 첨가한다. 기침 시럽, 치과 용도, 화장품, 향수, 비누, 화장실용품 성분으로 사용된다.

✚ **블렌딩 효과가 높은 정유** : 프랑킨센스, 일랑일랑, 오렌지, 만다린

✚ **주의사항**

- 점막 자극성과 강한 피부 자극원이다.
- 알코올 중독, 충혈 경향, 전립선암, 항응고제 복용자는 금한다.
- 임신 중인 자는 사용을 금한다.

클라리세이지(Clary sage)

- **학명** : Salvia sclarea
- **원산지** : 프랑스, 러시아, 남부 유럽
- **추출부위** : 잎, 꽃의 머리 부분
- **추출법** : 수증기 증류법
- **향의 휘발도** : top note
- **향기 타입** : 달콤한 견과류의 허브향, 쑥 향기와 유사한 향
- **기원** : 클라리(Clary)는 라틴어로 '맑다'라는 의미이며, 세이지(sage)는 '구하다 · 치료하다(heal)'라는 의미이다. 즉 사람의 눈을 정화해 주는 오일로 알려져 고대인들은 이 식물의 즙을 짜서 눈에 안약처럼 사용하였다. 씨앗에서 나오는 점액을 종양의 치료와 눈에 먼지 등의 이물질 제거에 사용하기도 하였다.
- **식물의 특징** : 작은 파란 꽃과 자줏빛을 띤 녹색의 털이 많은 잎을 가지며 1m까지 자라는 2년생 또는 다년생 허브이다.
- **효능 · 효과**
  - 살균 · 피부의 재생작용이 있으며 상처 · 거친 피부에 사용하면 효과적이다.
  - 면역 강화, 여성호르몬 조절, 여성 생리 장애 조절, 자궁 강장, 갱년기 장애, 생리 전 증후군, 무월경, 생리통, 생리불순, 호흡기 문제, 구강염, 고혈압, 근육통에 효과적이다.
  - 지성 피부, 지성 모발, 비듬 등의 두피 장애, 탈모(모발 성장 촉진)에 효과적이다.

+ **사용법** : 흡입, 마사지에 사용한다. 비누, 세제, 화장품, 향수, 향료 성분으로 사용된다.
+ **블렌딩 효과가 높은 정유** : 제라늄, 라벤더, 주니퍼, 샌들우드, 시더우드, 재스민, 프랑킨센스, 베르가모트
+ **주의사항**
  - 무독, 무자극이다.
  - 강력한 진정작용으로 사용 후 술을 마시거나 운전 금지(졸음 유발)
  - 수유, 여성 생리 활성 작용이 있으므로 임신 중에는 사용을 금한다.
  - 5% 이하로 사용한다.

클로브(Clove)

+ **학명** : Syzygium aromaticum
+ **원산지** : 인도네시아, 자바
+ **추출부위** : 꽃봉오리
+ **추출법** : 수증기 증류법
+ **향의 휘발도** : base note
+ **향기 타입** : 스파이시하며 강렬한 향
+ **기원** : 궁중 관리들이 황제를 알현 시 입 냄새를 제거하기 위해 사용하였으며 전 세계적으로 가정용 양념으로 많이 사용된다. 옅은 노란색의 액체로 달콤하고 쌉싸래한 향이 난다.
+ **식물의 특징** : 가느다란 상록수로 12m까지 자란다.

효능 · 효과

- 구충제, 항생제, 항구토제, 항히스타민제, 근육통, 신경통, 관절염, 구토, 설사, 소화불량, 감기, 천식, 기관지염에 적용
- 통증제거, 치통, 신경통, 상처치유, 여드름, 무좀, 환상, 모기와 곤충 퇴치, 감염된 궤양, 옴에 적용
- 호르몬 성분 함유로 갑상선 조절에 유용하며 최음제, 정신 고양, 약한 느낌일 때 기분 상승을 도와 줌, 기억력 강화

사용법 : 치과 치료와 치약, 비누, 욕실용품, 화장품, 향수, 음식과 알코올, 청량음료수, 잉크, 접착제, 니스 재료 성분으로 사용된다.

블렌딩 효과가 높은 정유 : 라벤더, 로즈, 클라리세이지, 일랑일랑, 베르가모트

주의사항

- 임신 중에는 사용을 금한다.
- 점막과 피부 자극성이 있으므로 상처 난 곳에는 사용을 금한다.

사이프러스(Cypress)

학명 : Cupressus sempervirens

원산지 : 프랑스, 독일

추출부위 : 잎, 열매

추출법 : 수증기 증류법

향의 휘발도 : middle note

향기 타입 : 소나무향과 유사한 상쾌한 나무향

✚ **기원** : 지중해 부근에 널리 분포하며 '사이프러스'라는 이름은 이 나무를 숭배한 Cyprus 섬의 명칭에서 유래되었다. 고대 이집트와 로마에서 신성시되었던 사이프러스는 티베트에서 정화 향으로 사용되었다. 이것은 체액을 정상화시키는 데 사용되었고 특히 설사나 월경과다에 사용되었다. 이집트인들은 치료에 사이프러스 향유를 사용함과 더불어 석관을 장식하는 데 사용했다. 프랑스에서는 전통적으로 묘지에 이 나무를 심는다.

✚ **식물의 특징** : 키가 큰 원추형의 상록수이다. 이 식물의 학명은 '영원히 산다'라는 의미이다. 고대 이집트인들은 이 나무를 이용해 관을 만들었다고 하며 예수가 매달린 십자가를 만든 나무로 전해지고 있다. 동양에서 왔지만 주로 지중해 지역과 특히 알제리와 남프랑스에서 자란다.

✚ **효능 · 효과**

- 수렴 작용과 근육 경련을 진정시키는 작용 때문에 순환 문제나 감기, 기침, 독감, 치질, 월경, 폐경 문제, 정맥류, 백일해 치료에 쓰인다.
- 셀룰라이트 분해작용이 있어 비만관리에 효과가 있으며 부종이나 심신의 긴장에 효과적이다.
- 지성 피부, 지루성 모발, 여드름, 비듬에 효과적이다.
- 흥분을 진정, 정신적 장애 제거, 말 많고 성급한 사람을 진정, 영혼의 정화에 도움을 준다.

✚ **사용법** : 흡입, 마사지, 목욕에 사용한다. 부종이나 류머티즘에는 습포로, 근육 강화를 위해서는 입욕 시 사용한다. 의약 용품, 코롱, 애프터셰이브, 남성용 향수 성분으로 사용된다.

+ **블렌딩 효과가 높은 정유** : 시더우드, 파인, 라벤더, 레몬, 클라리세이지, 주니퍼, 베르가모트, 오렌지, 마저럼, 샌들우드, 로즈메리
+ **주의사항**
  - 무독, 무자극이다.
  - 생리 주기를 규칙적으로 해주는 작용이 있으므로 임신 중에는 사용을 금한다.
  - 고혈압 환자에게는 가급적 피한다.
  - 정맥류에 대한 효과가 있으나 사용 시 주의를 요한다.

유칼립투스(Eucalyptus)

+ **학명** : Eucalyptus globulus
+ **원산지** : 호주
+ **추출부위** : 잎
+ **추출법** : 수증기 증류법
+ **향의 휘발도** : top note
+ **향기 타입** : 장뇌(캠퍼)와 비슷한 상쾌하고 자극적인 향, 소독약 냄새
+ **기원** : 상처를 잘 낫게 한다는 의미를 가지고 있다. 유칼립투스를 치료용으로 처음 사용한 사람들은 아보리진 족으로 추정된다. 꽃봉오리가 컵같이 생긴 막에 잘 덮여 있어 그리스어로 '잘 덮여 있다'라는 Eucalyptos에서 유래되었다.

✚ **식물의 특징** : 세상에서 가장 키 큰 나무 중 하나인 유칼립투스는 '시드니의 페퍼민트'라고 불릴 정도로 캠퍼향이 강하며, 오스트레일리아가 원산지이고, 호주에서 볼 수 있는 코알라는 유칼립투스의 잎을 먹고 사는 편식 동물로 유명하다.

✚ **효능 · 효과**

- 유칼립투스 향유의 주요 성분은 방부 성분이다. 항염 특성이 있는 유칼립투스 향유는 특히 천식, 기관지염, 독감, 부비동염, 피부염증, 류머티즘, 상처치료에 좋다.
- 여드름, 지성 피부에 효과적으로 작용한다.
- 적혈구의 산소 운반을 도와 피부 호흡을 증가시킨다.
- 감기에 걸렸을 때 목욕이나 마사지용으로 적당하다.
- 호흡기 치료, 축농증과 두통에 유용, 류머티즘, 관절염, 근육통 완화, 두통, 편두통에 좋고 근육통을 완화해 준다.

✚ **사용법** : 흡입, 마사지, 목욕에 사용한다.

✚ **블렌딩 효과가 높은 정유** : 타임, 로즈메리, 라벤더, 마저럼, 시더우드, 레몬, 주니퍼

✚ **주의사항**

- 고혈압, 간 질환, 임산부는 사용하지 않는다.
- 6세 미만의 아동에게는 사용하지 않는다.
- 민감 반응을 일으킬 수도 있다.
- 고농도로 사용할 경우 신장을 자극할 수도 있으므로 반드시 희석하여 사용하는 것을 원칙으로 한다.

펜넬(Fennel)

- 학명 : Foeniculum vulgare
- 원산지 : 지중해안, 아시아, 러시아, 스페인
- 추출부위 : 씨
- 추출법 : 수증기 증류법
- 향의 휘발도 : top-middle note
- 향기 타입 : 풀 냄새와 유사한 달콤한 향
- 기원 : Foeniculum은 '마른 풀'을 의미하는 라틴어의 foemum에서 유래되었다. 고대 중국인에게는 널리 알려진 식물로 뱀에 물렸을 때 치료제로 사용되었다. 중세에는 악령을 쫓고 아이들의 복통과 벼룩을 죽이는 데 효능이 있다고 생각했으며, 입 냄새를 좋게 하기 위해서도 사용했다. 공복감을 없애 주고 포만감을 주어 비만 방지를 위한 요리에도 전통적으로 많이 사용되었고 그리스시대에는 힘과 용기, 장수를 위한 작용을 한다고 믿었다.
- 식물의 특징 : 가시털 같은 잎과 노란색의 꽃을 가지며 2m까지 자라는 허브이다. 이 다년생 식물은 유럽의 바닷가에서 발견할 수 있고, 여름에 황색의 작은 꽃이 우산처럼 밀집하여 핀다. 잎 허브로써, 신선한 잎은 특히 생선 요리에 좋다.
- 효능 · 효과
  - 복통, 변비, 소화 장애, 신장 결석, 갱년기 장애, 멀미, 비만 해소 및 셀룰라이트 분해작용에 효과적이다.

- 피부의 건조를 방지하며, 방부제, 진정제, 근육이완제로 사용한다. 몸의 정화, 체내 독소제거에 우수하다.
- 생리 전 증후군, 생리불순, 폐경기 문제들, 정력 저하(성욕)에 좋고, 피부색을 깨끗이 하는 데 도움을 준다.

✚ **사용법** : 마사지, 목욕, 가글링에 사용한다. 비누, 향수, 공기청정제에도 사용된다.

✚ **블렌딩 효과가 높은 정유** : 바질, 로즈, 제라늄, 라벤더, 샌들우드, 레몬

✚ **주의사항**
- 간질, 임신, 자궁 내막증, 전립선 비대증, 에스트로겐 관련 암에는 사용하지 않는다.
- 6세 미만 어린이 사용하지 않는다.
- 반드시 희석해 사용해야 하며 과도한 사용은 금한다.

프랑킨센스(Frankincense)

✚ **학명** : Boswellia carteril

✚ **원산지** : 소말리아, 북동아프리카, 중국

✚ **추출부위** : 수지

✚ **추출법** : 수증기 증류법

✚ **향의 휘발도** : middle-base note

✚ **향기 타입** : 방향성이 있는 수목향

✚ **기원** : 유향나무(감람과)의 줄기에서 뽑아낸 우윳빛 점액질을 건조해 굳힌 것을 '유향'이라 하며, 이를 수증기 증류하여 얻은 오

일을 '프랑킨센스 오일'이라 한다. 고대 이집트인들이 화장품, 향수로 사용했으며 종교의식 중에는 악령을 쫓기 위해 이 향을 태웠다. 프랑킨센스는 보석과 같은 귀중품으로 취급되었기 때문에 성경에 따르면 동방박사들이 예수의 탄생을 축하하기 위해 이 향을 바쳤다.

+ **식물의 특징** : 명상과 기도에 매우 중요하게 사용한다. 식물에서 오일을 얻기 위해서 나무줄기에 깊은 상처를 낸다. 상처가 난 나무에서는 눈물 모양의 방울이 스며 나오는데 공기와 닿으면 딱딱하게 굳는다. 향유는 자극적인 냄새가 나는데 몰약과 섞으면 레몬향이 난다.
+ **효능 · 효과**
  - 기분 상승효과와 정신 집중을 돕는다.
  - 호흡을 느리게 하여 감정 조절, 명상, 스트레스 해소, 정신 교양 및 진정, 호흡을 이완시켜 진정 느낌을 부여해 준다.
  - 기관지염, 기침, 감기, 후두염일 경우 거담제의 역할을 한다.
  - 피부의 탄력을 유지하고 노화된 피부의 세포재생효과가 있어 주름을 없애 주는 것으로 알려져 있다.
  - 류머티스성 관절염, 천식에 사용
+ **사용법** : 흡입, 마사지, 목욕에 사용한다. 흡입하면 감기 치료에 도움이 되고 목욕물에 몇 방울 떨어뜨리거나 바디 마사지 오일에 섞어 마사지를 하면 몸이 따뜻해지고 긴장이 완화되며 명상에 도움을 준다.
+ **블렌딩 효과가 높은 정유** : 바질, 베티베르, 베르가모트, 캠퍼, 시나몬, 오렌지, 제라늄, 샌들우드, 라벤더, 네롤리, 파인
+ **주의사항** : 무독, 무자극이다.

제라늄(Geranium)

- 학명 : Pelargonium inquinans
- 원산지 : 프랑스, 스페인, 모로코, 이집트, 러시아
- 추출부위 : 꽃, 잎
- 추출법 : 수증기 증류법
- 향의 휘발도 : middle note
- 향기 타입 : 감미롭고 우아하며 신성한 장미 유사향
- 기원 : 제라늄은 아프리카가 원산지이고 유럽에는 1690년 이후에 들어왔다. 고대에는 종기, 화상, 상처 치료에 사용됐다.
- 식물의 특징 : 유럽 전역에서 야생으로 자랐다. 꽃이 예뻐 수백 종이 재배되지만 펠라르고늄이라는 제라늄(잎을 자르면 레몬 향기가 난다)만이 많은 양의 황록색 향유를 만들 수 있다. 제라늄 향유는 잎, 줄기, 꽃으로부터 증류된다.
- 효능 · 효과
  - 진정제와 상승제 효과를 동시에 지니고 있기 때문에 긴장이나 우울을 치료하는 데는 적합하지 않다.
  - 순환계 질환이나 피부 트러블, 특히 상처 치료에 사용된다.
  - 피부 수렴, 항균 작용이 있어 여러 가지 피부염의 치유에 이용된다. 과다한 피지를 조절하여 지성 피부의 관리에 사용한다.
  - 림프액과 혈액순환을 촉진하여 노폐물을 제거한다.

+ **사용법** : 마사지, 흡입에 사용한다. 달콤상큼하고 향기로워서 대부분의 향수에 쓰이는데, 긴장을 완화 치료에도 사용된다.
+ **블렌딩 효과가 높은 오일** : 클라리세이지, 재스민, 라벤더, 라임, 네롤리, 로즈, 샌들우드
+ **주의사항**
  • 임산부는 사용을 금한다.
  • 민감성 피부에 자극을 줄 수 있다.

진저(Ginger)

+ **학명** : Zingiber officinalis
+ **원산지** : 서인도, 중국, 일본
+ **추출부위** : 뿌리
+ **추출법** : 수증기 증류법
+ **향의 휘발도** : top note
+ **향기 타입** : 따뜻하고 향긋한 감귤향
+ **기원** : 동양에서 수천 년간 가정에서의 조미료와 류머티즘, 세균성 이질, 설사 등 많은 점액 분비에 사용해 왔다. 중국에서 진저(생강)의 사용에 대한 최초의 기록은 공자시대이며, 공자는 식사 때 생강 없이는 결코 식사하지 않았다고 했다. 생강은 류머티즘, 치통, 말라리아 치료에 사용했으며, 그리스의 의사 Dioscorides는 소화 촉진제로 생강을 사용하라고 권했다.

+ **식물의 특징** : 곧게 뻗은 다년생의 허브로 1m까지 자라며 뿌리는 굵고 결절 모양으로 뻗어서 자라며 얼얼한 맛이 난다.

+ **효능 · 효과**
  - 콧물(감기), 울혈, 기침, 목감기, 설사, 배앓이, 경련, 소화불량, 식욕 저하 등에 좋다.
  - 근육통, 관절염, 혈액순환 저하를 완화, 냉기(냉한) 등에 도움이 된다. 근육 피로회복에 도움을 준다.
  - 피로와 무기력 회복, 최음, 항우울, 메마른 감정을 따뜻하게 하고, 기억력 증진, 에너지 충전이 된다.

+ **사용법** : 흡입, 마사지, 목욕에 사용한다. 몸을 따뜻하게 하는 효과가 있으므로 전신, 발 마사지를 하면 만성적인 근육과 관절의 통증, 감기 초기와 냉체질의 개선에 도움이 된다.

+ **주의사항**
  - 자극성이 있으므로 민감한 피부에는 주의해서 사용하는 것이 좋다.

그레이프프루트(Grapefruit)

+ **학명** : Citrus paradisi
+ **원산지** : 주로 미국, 브라질과 이스라엘
+ **추출부위** : 과일의 내피
+ **추출법** : 과일 껍질을 이용한 압착법
+ **향의 휘발도** : middle note

✚ **향기 타입** : 달콤하며, 약간 시큼하고 상쾌한 감귤향

✚ **기원** : 오렌지의 잡종으로 원산지는 아시아인데 지중해 지역에서 많이 재배되었고, 현재는 미국 플로리다 지역에서 대규모로 생산되고 있다. 그레이프프루트라는 이름은 향기가 포도 같다는 뜻도 있으나 포도송이 모양으로 열매를 맺는다는 데서 유래한다.

✚ **식물의 특징** : 윤기나는 잎, 크고 노란 열매를 가지며 10m까지 자란다.

✚ **효능 · 효과**

- 림프순환 촉진, 체액 조절, 이뇨, 중추신경계 조절, 비만 해소, 비행 시차, 두통에 적용 가능하다. 림프자극, 셀룰라이트에 효과적이다.
- 살균, 소독작용이 있어 지성, 여드름 피부의 관리에 효과적이다.
- 스트레스와 우울증 및 중추신경계의 균형, 행복감 부여, 최면, 원기회복에 좋다.

✚ **사용법** : 흡입, 마사지, 목욕에 사용한다.

✚ **블렌딩 효과가 높은 정유** : 라벤더, 로즈메리, 사이프러스, 레몬, 베르가모트, 일랑일랑, 제라늄

✚ **주의사항**

- 베르갑텐(bergaptene)이 함유되어 있어 일광 알레르기성이 있다.
- 피부에 사용 후 4시간 정도는 직사광선을 피해야 한다.

재스민(Jasmin)

- 학명 : Jasminum
- 원산지 : 프랑스, 이집트, 이탈리아, 모로코
- 추출부위 : 꽃
- 추출법 : 용매추출법, 수증기 증류법
- 향의 휘발도 : middle-base note
- 향기 타입 : 감미롭고 이국적이며 달콤한 꽃향
- 기원 : 재스민은 해진 후에 더 강한 향취를 내기 때문에 인도에서 재스민은 '밤의 여왕'이라고 불린다. 고대 아랍인 · 인도인 · 중국인들이 가장 애호했던 재스민은 향수, 방향제, 허브티를 포함해 가장 다양한 쓰임새를 보였다. 재스민은 16세기에 페르시아에서 유럽으로 건너갔다.
- 식물의 특징 : 학명이 Jasminum grandiflorum라는 종은 동인도와 이집트가 원산지인 작은 관목이고 님프링스, 스페인, 알제리, 모로코, 인도, 이집트에서 재배된다. 재스민의 섬세한 하얀 꽃은 귀여운 송이로 핀다. 밝은 녹색의 고운 잎과 매우 향기로운 별 모양의 흰 꽃을 가지며 10m까지 자라는 상록의 관목이다.
- 효능 · 효과
  - 재스민은 분위기를 상승시키고 불안과 우울을 없애 준다.
  - 정서적인 안정 · 긴장완화 · 성욕강화 작용이 있다.
  - 생리통과 피부염증을 치료하는 데 효과가 크다.

• 모든 피부 타입에 효과적인 오일로 호르몬의 균형을 조절하여 피부상태를 정상화한다. 기미와 임신선에 적용 가능하다.

✚ **사용법** : 흡입, 마사지, 목욕에 사용한다. 신체를 덥혀 주고 긴장을 풀어 주는 효과가 있다. 또한, 기분을 상승시키는 효과가 있는 향수나 방향제로도 쓰인다.

✚ **블렌딩 효과가 높은 정유** : 네롤리, 로즈우드, 만다린, 멜리사, 베르가모트, 샌들우드, 오렌지, 유황 장미, 제라늄, 팔마로사

✚ **주의사항** : 임신 중에는 사용하지 않는다.

주니퍼(Juniper)

✚ **학명** : Juniperus communis

✚ **원산지** : 이탈리아, 유고슬라비아, 유럽, 북아메리카

✚ **추출부위** : 열매

✚ **추출법** : 수증기 증류법

✚ **향의 휘발도** : middle note

✚ **향기 타입** : 상쾌한 수목향

✚ **기원** : 주니퍼는 '노간주나무' 또는 '두송나무'라고도 하며, 이 열매를 두송실 또는 두송자라 부른다. 서양에서는 주니퍼 베리라 불려왔다. 이것은 라틴어로 작은 열매를 의미하는 'Young berries'에서 유래되었다. 종교의식에서 태우는 향으로 많이 쓰이며 공기를 정화하거나 페스트를 예방하는 데 쓰였다.

- **식물의 특징** : 가지가 두꺼운 침엽 상록수이고, 작고 노란 꽃이 피며 작은 청보라색 열매가 달린다. 열매와 잎 모두 솔잎향에 가까운 강한 향을 가지고 있다. 6m까지 자라는 상록의 관목 나무이며, 작은 꽃과 약간 둥그스름한 검은 열매를 가진다. 비만, 이뇨, 배설 작용을 하는 오일로 널리 사용되고 인식되었다.
- **효능 · 효과**
  - 이뇨와 방부의 특성 때문에 주니퍼는 특히 요도관 치료와 방광염이나 수분 배출이 잘 안 되는 경우에 아주 효과적이다.
  - 여드름, 복통, 기침, 피부염, 습진, 류머티즘, 피부궤양 치료에도 쓰인다.
  - 해독작용이 있어 체내에 남아 있는 노폐물을 해독, 이뇨, 발한으로 독소 배출, 부종, 셀룰라이트, 다이어트에 효과적이다.
  - 각질 제거에 사용된다.
  - 실내의 공기를 정화하고 살균효과가 우수하다.
  - 특징적인 향 때문에 진에 넣어서 사용될 뿐만 아니라 주니퍼 열매는 널리 음식에 사용된다.
- **사용법** : 흡입, 마사지, 목욕에 사용한다. 주니퍼 향유는 굉장히 자극적이고, 사이프러스나 파인처럼 상쾌한 목욕 향유가 된다.
- **블렌딩 효과가 높은 정유** : 베티베르, 로즈메리, 사이프러스, 샌들우드, 제라늄, 그레이프프루트, 베르가모트, 오렌지, 클라리세이지 등의 시트러스계와 잘 어울린다.
- **주의사항**
  - 신장을 자극하므로 장기간의 사용을 금한다.
  - 임신 중에는 사용을 금한다.

라벤더(Lavender)

- **학명** : Lavandula angustifolia
- **원산지** : 지중해 연안, 유럽 남부, 유럽 중부, 인도, 프랑스 남부
- **추출부위** : 꽃잎
- **추출법** : 수증기 증류법
- **향의 휘발도** : middle note
- **향기 타입** : 상쾌하고 달콤한 약초향이 가미된 가볍고 깨끗한 꽃향
- **기원** : 라틴어로 '씻다(wash)'라는 의미에서 유래되었다. 라벤더는 로마인들이 매일 의례적으로 했던 목욕에서 사용했던 아주 인기 있는 향유였다. 그리스인들과 로마인들 모두 페스트를 예방하기 위해 공기정화제로서 라벤더 가지를 태웠다. 또한, 성모 마리아가 예수의 옷을 라벤더 덤불 위에 널어놓았다는 전설이 있으며 이후 '향의 여왕' 또는 '성처녀 마리아의 식물'이라는 칭송을 받고 있는 라벤더는 가장 많은 사랑을 받고 있는 허브 가운데 하나이다.
- **식물의 특징** : 나뭇가지와 길고 가는 잎을 가진 관목 식물로서 라벤더는 긴 줄기에 청보라색 꽃이 핀다. 에센셜 오일은 강한 향과 함께 연한 노란색이다.
- **효능 · 효과**
  - 소염작용, 항박테리아 작용이 있어 피부질환에 폭넓게 사용된다.
  - 정신을 편안하게 하여 숙면에 도움을 주며 정신을 진정시켜 준다. 진정제와 강장제의 효과가 있으며 신경과 감정 체계에 균형

을 잘 맞춰 준다.

- 방부제로써 피부병, 폐 감염, 소화 요도염 등의 치료에 쓰인다. 쓰임새가 굉장히 다양하다.
- 피부 관리에서 가장 보편적으로 사용하는 오일이다. 피부에 청량감을 부여하며 노화 피부, 민감성 피부에도 사용할 수 있다.
- 지루성 모발에는 샴푸에 첨가하여 사용한다.

✚ **사용법** : 흡입, 습포, 마사지, 목욕에 사용한다. 향긋한 라벤더 티는 숙면을 유도하여 이브닝 티로 즐겨 마시며, 라벤더 목욕은 불면증 해소에 도움을 준다.

✚ **블렌딩에 효과가 높은 정유** : 거의 모든 오일과 잘 혼합된다. 시트러스계 오일, 클라리세이지, 제라늄, 파인, 파촐리

✚ **주의사항**

- 무독성으로 원액으로 사용이 가능하다.
- 저혈압인 사람에게는 감각이 무뎌지거나 졸리는 경향과 활기가 없어지는 것을 느끼는 경우가 있어 사용을 금한다.
- 임신 초기에는 사용하지 않는 것이 좋다.

레몬(Lemon)

- **학명** : Citrus limon
- **원산지** : 유럽, 아르헨티나, 이스라엘, 아프리카, 미국
- **추출부위** : 과일의 내피
- **추출법** : 냉압착법
- **향의 휘발도** : top note
- **향기 타입** : 신선하고 가벼운 달콤한 감귤향, 상쾌한 과일향
- **기원** : 중세시대 십자군에 의해 유럽에 전파되었다. 이후 미국에까지 보급되어 현재는 캘리포니아지역에서 대규모로 재배되고 있다. 일찍이 뱃사람들은 괴혈병을 예방하고 배에서 마실 물을 정화하기 위해서 긴 항해를 떠나기 전 신선한 레몬을 비축해 두었다.
- **식물의 특징** : 꽃은 연분홍색이고 열매는 밝은 노란색, 연노란색이다. 향유는 레몬껍질을 짜서 추출하고 진하고, 톡 쏘는 감귤류의 향 때문에 전통적으로 향수에 사용되었다. 6m까지 자라는 작은 상록수로서 단단한 가시와 향기로운 꽃과 둥근 톱니 모양의 잎사귀를 가진다. 향기로운 열매는 녹색에서 성숙할수록 노란색을 띠게 된다. 강력한 살균 작용으로 인해 천연 소독제로 사용되었다.
- **효능 · 효과**
  - 방부 효과와 수렴 효과가 크기 때문에 종기, 사마귀 등의 피부 질환에 많이 쓰인다.
  - 혈압을 낮추거나 감기, 소화 문제, 열, 담석을 치료하는 데도 좋다.

- 피부 관리, 미백 관리에 가장 널리 사용되는 오일이다.
- 클렌징 효과가 있어 지성, 여드름 피부의 관리에 효과적이다.
- 손 관리, 부러진 손톱 관리에 활용한다.
- 부스럼 치유효과가 있다.
- 피부의 각질을 제거하고 혈색을 밝게 한다.
- 상처가 있는 조직을 연화시키고, 손상된 모세혈관을 튼튼하게 한다.
- 기분을 상쾌하고 맑게 하므로 정신적인 안정 효과가 있다.

✚ **사용법** : 흡입, 마사지, 목욕에 사용한다.

✚ **블렌딩 효과가 높은 정유** : 라벤더, 네롤리, 캐모마일, 주니퍼, 유칼립투스, 제라늄, 펜넬, 일랑일랑

✚ **주의사항** : 광독성, 피부에 자극적이므로 반드시 희석하여 사용해야 한다.

레몬그라스(Lemongrass)

✚ **학명** : Cymbopogon citratus

✚ **원산지** : 아시아 열대 지방, 서인도, 아프리카

✚ **추출부위** : 잎

✚ **추출법** : 수증기 증류법

✚ **향의 휘발도** : top note

✚ **향기 타입** : 코를 찌르는 강한 레몬향과 풀향

✚ **기원** : 레몬그라스는 '레몬 향기가 나는 풀'이라는 의미를 가지고 있다. 억새풀과 비슷한 모양이지만, 잎을 찢어서 손가락으로 비벼보면 레몬 향기가 난다. 예로부터 인도, 인도네시아와 스리랑카에서 주로 음식에 사용된다. 레몬그라스의 주요 구성 성분인 시트랄(역주 : 레몬유 등에 함유된 액체상의 알데히드-향료용)은 강하고 세척 효과가 큰 방부제로 밝혀져 옷과 신발, 양말 등의 냄새를 없애는 데 사용되었다. 마른 잎을 태우면 정신집중에 도움이 된다.

✚ **식물의 특징** : 다년성 식물로 1.5m 성장한다. 레몬그라스는 열대 식물처럼 줄기가 길다. 향유는 신선하며, 냄새는 신선한 레몬 향이 난다. 레몬그라스는 낮은 가격의 비누나 향수, 세제에 사용된다.

✚ **효능 · 효과**

- 항균 작용 때문에 피부병, 목의 염증, 호흡 문제를 치료하는 데 좋다.
- 근육통, 피로, 두통을 완화하며, 탈취, 방부, 수렴, 부종과 부기 감소(이뇨효과), 소화 기능 활성화, 갱년기 장애에 효과가 좋다.
- 모공수축, 피지조절, 탄력강화, 손상된 모발, 무좀에 적용
- 에너지 회복과 충전, 원기회복, 영혼의 고양

✚ **사용법** : 흡입, 마사지, 목욕에 사용한다. 작용이 아주 활발한 레몬그라스는 체온을 내리고 냄새를 제거하는 데 아주 효과적이다. 무좀을 치료하고 상쾌한 향기는 원기를 북돋는다. 마사지하든 흡입하든, 레몬그라스는 심장 박동을 고르게 하고 소화기능을 돕는다. 또한, 방충 효과가 있으며, 비누, 향수, 세제에 사용된다.

✚ **블렌딩 효과가 높은 정유** : 제라늄, 재스민, 라벤더, 시트러스계 오일

✚ 주의사항

- 녹내장을 앓는 사람이나 어린아이에게 사용하지 않는다.
- 전립선 비대증과 과민 피부 혹은 상처 있는 피부에 사용 시 주의한다.
- 민감성 피부를 자극할 수 있다.
- 보관은 수분이 흡수되지 않도록 건조한 장소에 둔다.

마저럼(Marjoram)

✚ 학명 : Origanum majorana(스위트 마저럼), Thymus mastichina(스페인 마저럼)

✚ 원산지 : 이집트, 헝가리, 스페인

✚ 추출부위 : 잎, 꽃의 머리 부분

✚ 추출법 : 수증기 증류법

✚ 향의 휘발도 : middle note

✚ 향기 타입 : 부드럽고 편안한 약초향으로 스파이시하고 세련된 향

✚ 기원 : 그리스어의 'oros'와 'ganos'에서 온 것으로 '산의 즐거움'이란 의미이다. 그리스인들은 마저럼을 해독제와 하제용으로 처방했다. 마저럼의 식물학적 이름인 오리거넘(Origanum)은 행복의 상징으로 고대 로마에서 신랑, 신부의 머리에 화관으로 얹는 풍습이 있었다. 또한, 죽은 사람의 묘지주변에 심어 주던 신성한 식물 가운데 하나이다.

✚ **식물의 특징** : 60cm까지 자라는 연하고 무성한 다년생 식물로 털이 많은 줄기와 짙은 녹색의 갸름한 잎 모양과 작은 오렌지색 꽃을 피운다. 다년생 식물인 마저럼은 전통적인 요리용 허브 중 하나이고 줄기는 털이 많고 잎은 진녹색의 달걀 모양이고 꽃이 작고 회백색으로 매듭같이 뭉쳐서 자란다.

✚ **효능 · 효과**

- 혈액의 흐름을 좋게 하며 타박상 치유에 효과적이다.
- 불안과 불면에 사용될 뿐 아니라 관절염, 천식, 기관지염, 순환문제, 변비, 두통, 생리불순, 근육 당김, 류머티즘 치료에도 쓰인다.
- 축농증, 콧물, 바이러스 및 박테리아 전염 등에 좋고, 근육을 따뜻하게 정화한다. 근육의 피로를 풀어 주므로 운동 후 마사지에 활용한다.

✚ **사용법** : 흡입, 마사지에 사용한다. 베르가모트, 라벤더, 로즈메리와 잘 혼합된다. 목욕 시 바디오일로 쓰면 몸을 덥혀 주고 긴장을 완화한다.

✚ **블렌딩 효과가 높은 정유** : 라벤더, 캐모마일, 사이프러스, 오렌지, 로즈메리, 일랑일랑, 유칼립투스, 라임

✚ **주의사항**

- 임신 중에는 사용을 금한다.
- 마취작용이 있을 수 있으므로 너무 많은 양을 사용하면 안 된다.
- 저혈압이나 노약자, 어린이에게 사용하지 않는다.

멜리사(Melissa)

- 학명 : Melissa officinalis
- 원산지 : 지중해 연안, 프랑스
- 추출부위 : 꽃, 잎
- 추출법 : 수증기 증류법
- 향의 휘발도 : middle note
- 향기 타입 : 따뜻한 레몬과 유사한 향취로 연한 노란 액체
- 기원 : 그리스어로 '꿀벌'이라는 의미로, 달콤한 허브 향취가 꿀벌을 유인하기 때문에 붙여진 이름이다. 레몬밤(Lemon balm)이라고도 알려져 있는데, 밤(balm)이라는 말은 발삼(balsam)의 줄인 말로 그리스어로 '향유의 왕'을 의미한다. 식물학자는 한 세기 동안 우울증을 사라지게 하는 멜리사의 효능을 이용하였고 오늘날의 아로마테라피스트들은 우울증을 완화하는 데 사용하고 있다. 그리스인들과 아랍인들은 멜리사의 특성을 알고 있었고 16세기 스위스 의사 파라셀수스(Paracelsus)는 멜리사를 불로장생 약이라고 불렀다.
- 식물의 특징 : 거의 유럽 원산지인 멜리사는 북아메리카에서도 재배된다. 멜리사는 민트과에 속하는 다년생 관목이다. 향유는 레몬향이 나고 잎을 증류해서 추출한다. 순수 멜리사 100%로는 수확량이 적어 아주 값비싼 오일이나 대부분의 멜리사 오일들은 멜리사 인디쿰이라는 시트로넬라 정유이다.

✚ **효능 · 효과**

- 불면증에 효과가 좋고 신경계를 안정시켜 준다.
- 위경련, 메스꺼움 같은 소화 문제에 사용 가능하다.
- 기분 상승 효과와 신경 안정 효과가 우울증 환자 치료에 쓰인다.
- 근육경련 진정 효과는 알레르기나 감기, 설사, 고혈압, 월경불순, 편두통, 스트레스, 두통, 구토, 가슴 두근거림 등에도 효과적이다.
- 갱년기의 피부에 일어나는 증상들을 호전시켜 준다.
- 지루성 모발, 탈모 개선 효과가 있다.

✚ **사용법** : 흡입, 목욕, 마사지에 사용 가능하다. 혈압을 낮추고 긴장을 완화한다. 목욕물에 6방울 떨어뜨린다. 멜리사는 몸과 마음을 진정시키면서 기분을 맑게 해준다.

✚ **주의사항**

- 민감성 피부, 임산부는 사용을 금한다.
- 1% 이상의 농도로 사용하지 않는다.

미르(Myrrh)

- 학명 : Commiphora myrrha
- 원산지 : 소말리아, 에티오피아
- 추출부위 : 줄기, 가지
- 추출법 : 수증기 증류법
- 향의 휘발도 : middle note
- 향기 타입 : 약간 쓴 향취, 붉은기가 있는 황갈색의 점성 액체
- 기원 : 아랍어로 '맛이 쓰다'라는 뜻의 'Myrrha'에서 유래되었다. 이집트인과 그리스인은 미르(몰약)를 귀중품으로 취급했다. 이집트와 그리스 모두 신을 섬길 때와 화장품, 향수로 사용하였고 미르(몰약)에 방부효과, 수렴효과를 가지고 있어서 치료 목적으로도 사용했다. 이집트인들은 미라를 제조나 정화작업을 할 때 미르와 프랑킨센스를 함께 사용한다.
- 식물의 특징 : 관목 비슷한 작은 나무로 나뭇잎이 향기롭기는 하지만 끈적이는 노란색 황갈색의 점성 액체 에센셜 오일이다. 증류법으로 추출해 낼 때 사용하는 것은 나무의 진액이다. 냄새는 강하고 약간 톡 쏘며 달콤하다.
- 효능 · 효과
  - 방부, 살균효과, 목, 입과 잇몸 등의 상처치료에 도움을 준다.
  - 소화촉진, 기관지염, 감기, 콧물, 목 아픔에 효과적이다.
  - 구내염, 치내염, 구취예방, 피부궤양의 치유에 효과적이다.
  - 거친 피부, 갈라진 피부, 살이 튼 피부를 보호해 준다.
- 블렌딩 효과가 좋은 정유 : 라벤더와 잘 혼합된다.
- 사용법 : 흡입, 마사지에 사용한다. 약이나 향수에 사용된다.
- 주의사항 : 임산부는 사용을 금한다.

만다린(Mandarin)

- 학명 : Citrus reticulata
- 원산지 : 브라질, 스페인, 이탈리아
- 추출부위 : 과일 내피
- 추출법 : 냉압착법
- 향의 휘발도 : top note
- 향기 타입 : 오렌지와 비슷한 향
- 기원 : 중국의 관리들이 군주에게 존경의 표시로 선물하였으며 사람들의 원기를 북돋워 주는 용도로 사용되었다. 지금도 향수의 원료와 식용으로 널리 사용되고 있다.
- 식물의 특징 : 향기로운 꽃과 열매를 맺는 감귤계의 작은 상록수이다. 윤기나는 잎과 향기로운 꽃, 과육질을 가진 과일이 열리는 6m까지 자라는 작은 상록수이다.
- 효능 · 효과
  - 소화불량, 식욕부진, 비만, 불면증에 적용
  - 민감성 피부, 여드름, 지성 피부, 상처, 튼살, 정체된 피부에 적용
  - 기분 고양, 근심, 긴장, 불안, 초조 해소
- 사용법 : 흡입, 목욕, 마사지에 사용 가능하다.
- 블렌딩 효과가 높은 정유 : 네롤리, 시나몬, 클로브, 시트러스계 오일
- 주의사항 : 모든 감귤계와 마찬가지로 광과민성 피부에 사용하지 않으며 자외선 노출 전에는 가급적 사용을 피한다.

네롤리(Neroli)

- 학명 : Citrus sinensis(sweet orange) / Citrus vulgaris(bitter orange)
- 원산지 : 이탈리아, 모로코, 프랑스, 이집트
- 추출부위 : 꽃
- 추출법 : 수증기 증류법
- 향의 휘발도 : base note
- 향기 타입 : 달콤하고 톡 쏘는 오렌지 꽃향
- 기원 : '오렌지 플라워 오일(orange flower oil)' 또는 '등화유(橙花油)'라고도 한다. 1680년 네롤리의 공주 안나 마리아가 목욕물과 장갑을 향기롭게 하기 위해 네롤리를 사용했고, 이탈리아 상류 계급에 네롤리 향기를 유행시켰다. 네롤리는 중국이 원산지인 쓴 오렌지 나무의 하얀 꽃에서 추출한다. 연노란색 향유는 약 1톤의 꽃에서 단지 1kg(2lb)의 향유만 추출될 정도로 생산 단가가 비싸다. 네롤리 꽃은 막 피려 할 때 손으로 따서 증류법으로 처리된다. 음식에서도 인기 있는 재료에 사용하기도 하며 아주 고가의 화장품, 향수의 재료로 사용되고 있다.
- 효능 · 효과
  - 항우울제 효과가 있으며 불안, 히스테리, 충격, 심장 두근거림을 완화하고 불면증을 없애 준다.
  - 피부염, 건성 피부, 생리 전 증후군, 갱년기, 세포재생에 효과가 있으므로 노화 피부의 관리에 활용한다.

• 자신감을 촉진, 긴장을 풀어 주고, 정신적, 감정적 스트레스, 우울증, 불면증, 슬픔(비통), 쇼크 및 히스테리 등의 감정으로부터 온화하게 하고 긴장을 풀어 주는 원기회복에 도움을 준다.

✚ **사용법** : 흡입, 목욕, 마사지에 사용 가능하다.

✚ **블렌딩 효과가 높은 정유** : 재스민, 라벤더, 로즈, 레몬

✚ **주의사항** : 무독, 무자극이다.

오렌지(Orange)

✚ **학명** : Citrus sinensis(sweet orange) / Citrus vulgaris(bitter orange)

✚ **원산지** : 호주, 미국, 브라질

✚ **추출부위** : 과일의 내피

✚ **추출법** : 냉압축법

✚ **향기 휘발도** : top note

✚ **향기 타입** : 달콤하고 따뜻한 과일향, 톡 쏘는 감귤향

✚ **기원** : 아시아가 원산으로 1520년 중국을 탐험하고 돌아가던 포르투갈인에 의해 유럽에 전해졌다. 맛이 단 것을 '스위트 오렌지(sweet orange)'라 하고, 쓴 것을 '비터 오렌지(bitter orange)'라 하며 정유의 향기로움 때문에 음식, 화장품, 의학적으로 사용되고 있다. 스위트 종은 기관지 분비 작용을 증가시키고 신맛은 가래를 촉진시킨다.

+ **식물의 특징** : 신선한 오렌지 껍질을 냉압법으로 처리해서 추출해 낸다(오렌지 꽃에서 추출하는 것은 네롤리 오일뿐이다). 두 향유는 노란색에서 갈색까지 색깔의 범위가 넓다.

+ **효능 · 효과**
  - 콜라겐의 생성을 촉진하므로 노화 피부에 효과적이다.
  - 땀의 분비를 증가시켜 피부의 독성 배출을 도와 주는 역할을 한다.
  - 피부재생효과가 있어 피부 관리에 필수적으로 사용되는 오일이다.
  - 셀룰라이트를 분해하기 때문에 비만관리에 좋고 림프액의 순환을 촉진시켜 전신 부종을 완화시킨다.
  - 원기를 북돋아 주면서도 진정효과가 있는 오렌지 향유는 불안과 우울을 치료하는 강장제이다. 소화 촉진, 변비 해소에 효과적이다.

+ **사용법** : 흡입, 목욕, 마사지에 사용 가능하다. 비타민 C가 풍부하여 화장품 산업에서 비누, 세정제, 목욕 제품, 음료수, 술, 초콜릿 제조까지 폭넓게 쓰인다.

+ **블렌딩 효과가 높은 성유** : 클라리세이시, 로즈메리, 네롤리, 레몬, 라벤더

+ **주의 사항**
  - 비터 오렌지는 광독성으로 자외선 노출 시 주의를 요한다.
  - 두통, 어지러움 등이 일어날 수 있으므로 반드시 희석해서 사용한다.

팔마로사(Palmarosa)

- 학명 : Cymbopogon martinii
- 원산지 : 인도와 파키스탄, 현재는 아프리카, 인도네시아, 브라질과 코모로 섬
- 추출부위 : 잎
- 추출법 : 수증기 증류법 또는 물 증류법
- 향의 휘발도 : top note
- 향기 타입 : 부드럽고 따뜻한 향, 레몬향과 장미향이 섞인 듯한 달콤한 꽃향
- 기원과 특징 : 인도의 제라늄 오일로 알려 졌다. 인도의 전통 의학에서는 열을 내리거나 소화기 계통의 질환에 쓰였다.
- 효능 · 적용
  - 세포재생효과가 있어 피부 보습과 진정, 건성, 노화, 주름 피부에 적용 가능하다. 여드름과 기타 피부 문제에 효과적이다.
  - 살균, 진정, 식욕 촉진, 혈액순환의 자극, 해열, 신경성 탈진 상태, 피로, 비뇨기 장애에 효과적이다.
  - 정신을 맑게 하고, 스트레스에 적용 가능하다.
- 사용법 : 흡입, 목욕, 마사지에 사용 가능하다. 식품 향료에서 빼놓을 수 없는 성분이며 화장품, 향수산업, 비누 등에 광범위하게 사용한다.
- 블렌딩 효과가 높은 정유 : 라벤더, 로즈우드, 제라늄, 마저럼 등

✚ 주의사항

- 무독, 무자극이다.
- 높은 함유량은 시각 마비를 일으킬 수 있으므로 적정 함량을 사용해야 한다.

파촐리(Patchouli)

✚ 학명 : Pogostemon cablin

✚ 원산지 : 말레이시아, 인도, 중국

✚ 추출부위 : 잎

✚ 추출법 : 수증기 증류법

✚ 향의 휘발도 : base note

✚ 향기 타입 : 바닐라 향과 흡사한 달콤하고 지속적인 향

✚ 기원 : 곽향(藿香)이라고도 하는 것으로, 파촐리라는 이름은 힌디이로 19세기 인도의 향기나는 옷감과 어깨 걸치개(shawl)에 사용된'patchoui'에서 유래되었다. 파촐리 정유는 말려서 발효된 작은 관목의 잎으로부터 추출되는데 진하고 나무 향내나는 달콤한 발삼향을 낸다. 파촐리 오일은 시간이 지날수록 품질이 좋아져 향수의 고정제(보류제)로 사용된다.

✚ 효능 · 효과

- 불안과 우울한 감정을 조절해 준다.
- 비듬, 여드름, 습진, 상처를 포함한 두피와 모발 손상에 치료효과가 있다.

- 피부 질환 치료제로 효과가 있으며 강한 수렴효과, 상처치유, 세포재생, 여드름, 무좀, 갈라진 피부, 반흔, 화상, 피부염, 습진, 셀룰라이트에 적용 가능하다.
- 항염증작용과 해독작용이 뛰어나다.
- 데오도란트(deodorant)효과가 있어 체취 방지 및 발한 억제에 좋다.

✚ **사용법** : 흡입, 목욕, 마사지에 사용 가능하다. 주로 화장품제조, 비누와 향수의 향 고정제로 사용한다. 알코올과 청량 음료수와 같은 식품에도 이용한다. 불쾌한 냄새와 맛을 차단하는 효과가 있다.

✚ **블렌딩 효과가 높은 정유** : 베르가모트, 베티베르, 시더우드, 클라리세이지, 클로브, 프랑킨센스, 제라늄, 라벤더, 네롤리

✚ **주의사항**

- 무독, 무자극성이다.
- 과용은 식욕부진, 불면증, 신경발작을 일으킬 수 있다.
- 낮은 용량은 진정효과, 높은 용량은 자극효과가 있으므로 용량에 주의해야 한다.

페퍼민트(Peppermint)

- **학명** : Mentha piperita
- **원산지** : 미국, 호주, 일본
- **추출부위** : 잎, 꽃의 머리 부분
- **추출법** : 수증기 증류법
- **향의 휘발도** : top note
- **향기 타입** : 산뜻하고 시원한 박하향의 투명한 액체
- **기원** : 일명 박하(薄荷)라고 부르는 것으로, 속명인 Mentha는 로마 신화에서 비롯된 이름이다. 이집트인은 와인과 음식을 향기롭게 하는 데 페퍼민트를 사용했고, 페퍼민트의 멘톨 성분을 높이 평가했으며 17세기에 컬 페퍼는 위장 장애에 효능이 페퍼민트 만큼 강력한 효과를 지닌 것이 없다고 적고 있다. 특히 로마인들은 축제에 페퍼민트 관을 쓰고 참석하여 페퍼민트의 해독작용을 기대했던 것 같다.
- **식물의 특징** : 1m까지 자라는 다년생의 허브로 흰 페퍼민트는 녹색 줄기와 잎을 지니고 블랙 페퍼민트는 진한 녹색의 톱니형 잎과 보라색 줄기와 붉은 보라색 꽃을 피운다. 페퍼민트의 잎은 좀 더 큰 보라색 꽃이 달리는 스피아민트보다 작고 넓다. 거의 색깔이 없는 페퍼민트 오일은 부분적으로 건조된 식물을 증류해서 추출하고 원기를 북돋우는 강한 향을 낸다.

✚ **효능 · 효과**

- 냉각효과, 통증완화 작용이 있어 발의 피로와 피로회복, 졸음방지에 효과가 있다.
- 해열, 소화관, 긴장완화로 위통, 복통, 소화불량, 설사에 효과적이며 감기, 근육통, 관절통, 두통, 메스꺼움, 구취, 생리통, 신경통, 치통의 치유에 효과가 높다.
- 모세혈관 수축작용, 피지분비 조절작용이 있어 여드름, 지성 피부의 치유에 효과가 높다.

✚ **사용법** : 흡입, 목욕, 마사지에 사용 가능하다. 손수건에 몇 방울 떨어뜨려 사용하면 두통, 멀미를 가라앉힌다. 냉각효과 때문에 여름 스킨로션이나 바디오일로도 쓰인다. 모세혈관 확장증(붉은 볼)을 완화하기 위해서는 습포로 사용한다.

✚ **블렌딩 효과가 높은 정유** : 벤조인, 로즈메리, 라벤더, 마저럼, 제라늄, 레몬, 유칼립투스, 베르가모트와 잘 혼합된다.

✚ **주의사항**

- 무독, 무자극성이나 멘톨 성분으로 민감 반응을 일으킬 가능성이 있다.
- 간질, 발열, 신장병, 임산부는 사용을 금한다.
- 피부에 약간 자극이 있으므로 2% 이상의 농도로 사용하지 않는다.

파인(Pine)

- **학명** : Pinus sylvestris(pine scotch)
- **원산지** : 북유럽, 미국
- **추출부위** : 침엽
- **추출법** : 수증기 증류법
- **향의 휘발도** : middle note
- **향기 타입** : 강한 건조한 발삼, 연한 송진 냄새가 나는 싱그러운 향
- **기원** : 소나무는 우리나라의 전역에서 자라는 상록 침엽수로 솔 혹은 솔 나무라고도 한다. 고대 이집트, 그리스에서는 종교의식 시 사용되었으며 흡입법을 최초로 사용하였다. 스칸디나비아인은 원기를 북돋아 주고 방부 특성이 있는 파인을 전통적으로 사우나와 증기욕에서 사용했으며 폐렴에 효과적으로 알려져 폐에 발생하는 여러 가지 질병이 있는 사람들은 울창한 소나무 숲에 모여 살았다.
- **식물의 특징** : 40m까지 자라는 키가 큰 상록수로 이 소나무 종은 유럽과 북미, 러시아 전역에 야생으로 자란다. 일반 파인 오일은 나무의 중심부에서 추출하지만 최상질의 파인 오일(pine oil)은 파인의 잎에서 증류법으로 추출한다. 연한 송진 냄새가 나는 싱그러운 향이 난다.
- **효능 · 적용**
  - 방부효과와 냄새를 제거하는 데 효과가 있고 특히 기관지염, 코

감기, 감기, 부비강염 등의 호흡기관 치료에 효과적이다.

- 방광염, 관절염, 근육 통증 치료도 돕는다.
- 피부를 마사지할 때 섞어서 사용하면 근육의 피로를 풀어 준다.
- 목욕할 때 몇 방울을 넣으면 지친 마음을 편안하게 해주는 효과가 있다.

✚ **사용법** : 흡입, 목욕, 마사지에 사용 가능하다. 파인 오일은 가정용품에 소나무 향을 내거나 남성 향수를 만들 때 많이 사용되는데 밤(balm), 비누, 목욕 오일을 만드는 화장품과 제약 산업에서도 많이 사용된다.

✚ **블렌딩 효과가 높은 정유** : 시더우드, 로즈메리, 티트리, 세이지, 라벤더, 주니퍼, 레몬, 카유푸티, 유칼립투스, 마저럼과 잘 혼합된다.

✚ **주의사항** : 과민 반응이 일어날 수 있으므로 민감성 피부에는 주의를 요하며 옅은 농도에서만 사용한다.

장미(Rose)

✚ **학명** : Rosa damascena / Rosa centifolia / Rosa gallica

✚ **원산지** : 불가리아, 프랑스, 터키, 모로코

✚ **추출부위** : 꽃

✚ **추출법** : 수증기 증류법, 용매추출법하여 얻는다. 이때 물층에는 향기성분이 일부 남게 되는데, 이것을 로즈 워터(rose water)라 한다.

✚ **향의 휘발도** : middle-base note

✚ **향기 타입** : 깊고 우아하고 부드러운 꽃향

✚ **기원** : 회교사원을 지을 때 모르타르에 로즈 오일과 머스크(사향)를 혼합해서 낮 동안에는 항상 성스러운 향취가 건물에서 스며 나온다고 전해지고 있다. 장미는 그 향기 덕분에 최소한 로마시대 이래로 꾸준히 사랑받고 있다. 또한, 장미는 귀족층에서 유행하였는데 클레오파트라가 안토니우스를 유혹하기 위해 장미를 침실에 깔았다는 것은 아주 유명하다. 장미 오일은 장미꽃잎에 아침 이슬이 맺힌 직후에 따서 증류해야만 질 좋고 많은 양의 오일을 생산할 수 있다고 한다.

✚ **식물의 특징** : 이 꽃은 새벽에 따서 24시간 안에 황갈색 오일을 추출한다. 약 5톤의 꽃에서 단 1kg(21b)의 오일이 추출되므로 매우 값비싼 오일이다.

✚ **효능 · 효과**

- 순환 계통, 변비, 두통, 정신적 피로, 월경, 폐경 문제, 그리고 피부 정돈에 효과가 있다.
- 피부재생효과가 뛰어나서 건성 피부, 주름이 많은 피부에 탁월한 효과가 있으며 강한 소염 성분으로 민감성 피부, 피부의 염증이나 가려움을 치유한다.
- 여성 호르몬인 에스트로겐과 같은 성분이 함유되어 있어 생리장애, 생리 전 증후군, 폐경기 장애 등에 좋다.
- 스트레스와 의욕저하, 불면증을 치유하는 데 효과가 크다.

✚ **사용법** : 마사지, 목욕에 사용한다.

✚ **블렌딩 효과가 높은 정유** : 재스민, 오렌지, 제라늄, 베르가모트, 라벤더, 클라리세이지, 샌들우드, 파출리, 벤조인, 캐모마일, 클로브,

팔마로사와 잘 혼합된다.

- **주의사항** : 일반적으로 안전하지만 통경 작용이 있어 임신 중에는 사용을 금한다. 알레르기성이 있다.

로즈메리(Rosemary)

- **학명** : Rosmarinus officinalis
- **원산지** : 프랑스, 스페인, 유고슬라비아
- **추출부위** : 잎, 꽃의 머리 부분
- **추출법** : 수증기 증류법
- **향의 휘발도** : middle note
- **향기 타입** : 강하고 깨끗하며 상쾌한 약초향
- **기원** : 로즈메리란 라틴어로 '바다의 장미(rose of the sea)'라는 의미가 있는데, 이것은 로즈메리가 물을 좋아하는 성질이 있기 때문이다.

  Rosmarinus라는 학명은 라틴어의 ros(이슬)와 marinus(바다)의 합성어로 지중해 지역 바닷가 벼랑에서 독특한 향기를 풍기며 야생으로 자라는 모습에서 비롯되었다. 이집트인은 페스트가 돌 때 로즈메리의 방부효과 때문에 공공장소에서 로즈메리를 태우거나 목 주위에 발랐다. 고대 그리스인과 로마인들은 로즈메리를 따다 성전에 두었고, 두뇌에 도움이 된다 하여 로즈메리 화관을 만들어 쓰고 다녔다. 또한, 14세기 헝가리 왕비 도나 이사벨라가 사용 후 회춘을 했다는 '헝가리 워터'의 재료로 쓰였다고 한다.

✚ 식물의 특징 : 작은 관목이고 약 3피트(90cm) 높이까지 자라며 회녹색 잎과 옅은 청백색 꽃이 핀다. 맑은 오일은 꽃과 잎에서 수증기 증류법으로 추출하고 강한 나무향이 난다. 은빛 녹색 잎과 옅은 파란색 꽃을 가지고 있으며, '부활'을 상징한다.

✚ 효능 · 효과

- 세포재생, 림프배설 촉진 등에 효과적이다.
- 혈액순환 촉진, 감기, 기관지염, 근육통, 류머티즘, 관절염, 신경통에도 효과가 있다.
- 섬유아세포 생성촉진 작용으로 노화 피부에 효과가 있으며, 건성 피부, 두피, 비듬, 흰머리에도 효과가 있다.
- 강한 향으로 뇌세포에 활기를 주어 기억력, 집중력을 증진시켜 치매 예방, 소화촉진, 소화불량, 대장염, 위통 등에 치유효과가 있다.

✚ 사용법

- 흡입, 목욕, 마사지에 사용 가능하다.
- 관자놀이에 바르면 두통을 가볍게 해준다.
- 목욕할 때 정유를 떨어뜨려 사용하면 피부에 윤기와 탄력을 주며 류머티즘이나 신경통에 효과가 높다.

✚ 블렌딩 효과가 높은 경우 : 라벤더, 타임, 바질, 페퍼민트, 시나몬

✚ 주의사항 : 간질병, 고혈압, 임산부는 사용을 금한다.

샌들우드(Sandalwood)

- **학명** : Santalum album
- **원산지** : 동인도, 호주, 말레이시아
- **추출부위** : 나무
- **추출법** : 수증기 증류법
- **향의 휘발도** : base note
- **향기 타입** : 달콤하고 남성적인 나무향, 깊고 부드러운 나무향
- **기원** : 샌들나무 '백단향' 또는 '백단목'이라 한다. 인도의 대부분 사찰을 샌들우드 목재로 지었으며 솔로몬왕은 신전건립에 샌들우드를 사용하도록 계시를 받고 건립하였으며, 그 후 신전에 좋은 향기가 가득했다는 성경기록이 있다.
- **식물의 특징** : 상록수 샌들우드는 인도네시아, 남동 아시아, 특히 동인도에서 30피트(8m) 높이까지 자란다. 향수의 고정제로 사용하며, 오랫동안 많은 비싼 향에 기본 성분이 되고 있다.
- **효능 · 효과**
  - 수분이 부족해서 거칠게 각질이 일어나는 피부를 진정시켜 준다.
  - 건성 모발인 경우 샴푸에 첨가해서 사용하면 좋다.
  - 행복감 고취, 성욕강화 작용이 있다.
  - 소염작용이 있어 가려움증, 여드름, 피부염 치료에 사용된다.
  - 우울증, 스트레스, 신경의 긴장과 불안을 해소하고 면역계를 강화시켜며 마음을 평안하게 해준다.

• 기관지염, 기침, 메스꺼움, 방광염에 효과적이다.
• 피부유연, 노화 피부, 탈수 피부에 효과적이다.

+ **사용법** : 흡입, 바사시, 목욕에 사용 가능하다.
+ **블렌딩 효과가 높은 경우** : 라벤더, 로즈, 베르가모트, 제라늄, 재스민, 네롤리
+ **주의사항**
  • 우울증인 사람은 사용을 금한다.
  • 최음작용이 있으므로 사용 시 주의한다.
  • 향이 강해서 옷에 바르면 세탁한 후에도 향기가 사라지지 않기 때문에 주의한다.

티트리(Tea tree)

+ **학명** : Melaleuca alternifolia
+ **원산지** : 호주
+ **추출부위** : 잎
+ **추출법** : 물, 수증기 증류법
+ **향의 휘발도** : top note
+ **향기 타입** : 코를 찌르는 듯 강하면서 산뜻하고 신선한 캠퍼향
+ **기원** : 1770년 영국 쿡선장이 호주에서 티트리 나무를 발견하여 영국으로 가져가, 잎을 차로 사용하여 '티트리'라는 이름이 붙여졌다. 호주 원주민에 의해 약효가 인정됐으며 제2차 세계대전 중에는 피부 창상의 치료제로서 구급약 세트에서 빠지지 않았다.

영국의 의학저널지는 티트리가 무독성이며 알코올보다도 20배 이상의 살균, 소독 효과가 있음을 입증하기도 했다.

+ 식물의 특징 : 긴 가지에 늘어지는 흰 꽃이 피는데, 연녹색 오일은 잔가지와 잎에서 추출하고 아주 강한 향을 가지고 있다. 오일 자체는 유칼립투스 오일과 비슷한 장뇌 냄새가 난다.

+ 효능 · 효과

- 살균, 소독작용이 강하며, 여드름 치유에 효과적이다(성기, 항문의 가려움증 치유).
- 감염을 일으킨 무좀, 화상, 입가, 입 헌데, 아구창, 여드름, 뾰루지 등을 소독, 감소시켜 주며 '비듬치유' 작용이 있다(두피의 건조 방지).
- 신선하고 청결한 느낌의 향으로 마음을 상쾌하게 해주고 우울한 기분을 띄워 주며, 강력한 항바이러스와 살균작용에 의해 감염증, 바이러스에 효과적이다.
- 면역 강화, 강력 방부, 항균, 항박테리아, 독감, 후두암, 기관지, 편두통에 효과가 좋다.

+ 사용법 : 흡입, 마사지, 목욕에 사용 가능하다. 일반적으로 발의 냄새와 세균을 없애기 위해 족욕 시 사용된다.

+ 블렌딩 효과가 높은 경우 : 라벤더, 로즈메리, 제라늄, 마저럼, 클라리 세이지

+ 주의사항 : 무독성, 무자극이지만 민감성 피부에는 사용을 금한다.

타임(Thyme)

- 학명 : Thymus vulgaris
- 원산지 : 프랑스, 스페인, 알제리, 유고슬라비아
- 추출부위 : 꽃, 잎
- 추출법 : 수증기 증류법 또는 물 증류법
- 향의 휘발도 : top note
- 향기 타입 : 달콤한 풀냄새의 연한 노란색 액체
- 기원 : 꽃의 향기가 백 리까지 간다고 해서 '백리향(白里香)'이라고도 한다. 중국에서는 '지초(地椒)'라 부르는 것으로 속명인 Thymus는 그리스어의 thuowmr, '소독하다'에서 비롯된 어원을 가지고 있다. 고대 이집트인은 미라를 만드는 액체에 타임 향유를 사용하였으며 그리스인은 연회 이후에 타임 잎을 우려낸 차를 소화를 돕기 위해 마셨다.
- 식물의 특징 : 타임은 야생 식물이며 진녹색 잎과 나무줄기, 작은 분홍색 꽃을 가지고 있다. 다년생의 상록수로 45cm 정도까지 자라며 가지가 많다. 가장 먼저 치료에 사용되기 시작한 식물 중의 하나로 호흡기 장애, 소화기 장애, 감염 치료와 예방에 쓰인다. 영국의 허브 약전에는 소화불량, 기관지염, 후두염, 편도선염에 사용할 수 있다고 기록되어 있다.
- 효능 · 효과
  - 강한 방부, 소독 , 살균작용이 있다(강력한 세균 성장억제).

- 항염증, 배뇨촉진, 성욕강화작용이 있다.
- 두통, 신경성 질환에 좋다.
- 뇌세포 활성화, 기억력과 집중력을 향상시켜 주며, 고혈압 · 저혈압에 효과적이다
- 부종, 농양, 여드름, 화상, 타박상, 지성 피부, 탈모에 효과가 있다.

✚ **사용법** : 흡입, 마사지, 목욕에 사용 가능하며, 오데코롱과 향수의 주요 원료이다.

✚ **블렌딩 효과가 높은 경우** : 베르가모트, 마저럼, 라벤더, 로즈메리, 레몬

✚ **주의사항**

- 임산부는 사용을 금한다.
- 민감성 피부, 고혈압에는 사용을 금한다.
- 2세 이하의 어린이에는 사용을 금한다.
- 피부 점막에 자극을 줄 수 있으므로 점막 부위에 사용을 금한다.
- 1% 이상의 농도로 사용을 금한다.

일랑일랑(Ylang ylang)

✚ **학명** : Cananga Odorata

✚ **원산지** : 필리핀, 인도네시아, 마다카스카르

✚ **추출부위** : 꽃

✚ **추출법** : 수증기 증류법 또는 물 증류법

✚ **향의 휘발도** : middle note

✚ 향기 타입 : 감미로우면서 자극적이고 관능적인 발삼향

✚ 기원 : 일랑일랑(Ylang ylang)이라는 말은 '꽃 중의 꽃'이라는 말레이시아어 '일랑일링(alang-ilang)'에서 유래한 것으로, 이는 나무에 주렁주렁 매달려 있는 꽃의 모양에서 나온 말이다. 열대성 식물인 일랑일랑이 약으로 처음 사용된 것은 말라리아와 벌레 물린 데와 감염을 막기 위해서이다. 재스민과 유사한 플로랄 향취가 있어 '가난한 사람의 재스민'이라고 불렸다. 최음성이 강하기 때문에 인도네시아에서는 신혼부부의 신방에 꽃잎을 첫날밤 침실에 뿌리는 풍습이 있다. 또한, 'relax and enjoy'라는 이미지를 가지고 있다.

✚ 식물의 특징 : 인도네시아와 필리핀이 원산지인 일랑일랑 나무는 60피트(10m) 높이까지 자란다. 연한 자줏빛 노란색의 크고 부드러운 향기가 나며 20m까지 자라는 키가 큰 열매 나무이다.

✚ 효능과 효과

- 아드레날린의 분비를 억제하여 기분 좋은 상태를 유지하고, 긴장, 분노, 불안, 우울, 불면증, 불감증 상태를 완화해 준다.
- 피지분비 균형을 조절해 주므로 건성 · 지성 피부에 모두 사용된다.
- 피부 정화작용이 우수하다.
- 정신적 긴장과 스트레스 해소작용을 완화하고, 호흡을 진정시키며 가슴이 뛰는 것을 억제해 준다.
- 살균 방부, 모발성장 촉진에 효과적이다.

✚ 사용법 : 흡입, 마사지, 목욕에 사용 가능하다.

✚ 블렌딩 효과가 높은 경우 : 베르가모트, 레몬, 라벤더, 네롤리, 샌들우드, 멜리사, 재스민

+ 주의사항

• 많은 양을 사용할 때 두통, 구토 증세가 나타날 수 있다.
• 알레르기성이 있으므로 민감성 피부에는 사용을 피한다.
• 염증성 피부에는 사용하지 않는다.

카유푸티(Cajuputi)

+ 학명 : Melaeeuca cajuputi
+ 원산지 : 말레이시아, 인도네시아
+ 추출부위 : 잎과 마른 가지
+ 추출법 : 수증기 증류법
+ 향의 휘발도 : top note
+ 향기 타입 : 연한 노란색 혹은 초록색의 액체이며 강력한 신선함
+ 기원 : 말레이시아, 인도네시아에서는 카유푸티의 치료적 가치 때문에 오랫동안 사용했다. 콜레라에 처방되었으며 17세기에는 유럽에 처음 소개되었다. 네덜란드가 몰루카(Moluccas) 제도를 식민지로 얻기 전까지 프랑스에서 카유푸티 오일은 매우 희귀했으며 값이 비쌌다. 호주 원주민들은 전통적으로 방부, 구풍, 국소진통에 사용하였다.
+ 식물의 특징 : 카유푸티는 높이 10m까지 자라는 중간크기 나무로 몸통을 이루는 원줄기의 높이는 1.5m 정도이다. 나무껍질은 흰빛을 띠며, 종이처럼 얇아서 조각으로 떨어진다.

✚ 효능 · 효과

- 진통, 방부, 항경련, 거담, 해열, 발한, 구충에 효과가 있다.
- 복통 및 장염, 이질, 위경련, 내징 등 증상을 완화한다.
- 강화제이며 피로, 나른함, 불안감을 덜어 주는 데 효과가 있다.
- 천식, 부비강염, 인후염, 기침, 감기, 독감, 점액 분비성 질환에 효과가 있다.
- 지성 피부에 효과가 있다.

✚ 사용법 : 흡입, 마사지, 목욕에 사용 가능하다.

✚ 주의사항 : 무독성, 무자극이다. 하지만 피부를 자극할 수 있으므로 잘 희석해야 하며 점막에 묻지 않도록 주의해야 한다.

주니퍼 베리(Juniper berry)

✚ 학명 : Juniperus communis

✚ 원산지 : 중앙 유럽 전역

✚ 추출부위 : 열매

✚ 추출법 : 수증기 증류법

✚ 향의 휘발도 : middle note

✚ 향기 타입 : 따뜻하며 풍부한 발삼향, 달콤한 향, 소나무 침엽향

✚ 기원 : Junipcr는 '어린 장과'를 의미하는 라틴어 Juniperus에서 유래한다. 주니퍼는 일반적으로 훈증 소독제와 종교의식의 향으로 태웠는데, 고대 그리스인들은 전염병에 대항하기 위한 훈증제로

그리고 티베트인들과 아메리카 원주민들은 의식용 향을 피우려는 목적으로 사용하였다.

✚ 식물의 특징 : 투명하거나 매우 연한 노란색을 띠는 유동성 용액으로 신선하지만 따뜻하며 풍부한 발삼향과 달콤한 향, 그리고 소나무 침엽향이 난다.

✚ 효능 · 효과

- 신경의 자극과 강화, 강한 이뇨작용, 방부효과가 있다.
- 방광염, 셀룰라이트, 수분 정체에 효과적이다.
- 몸을 해독, 정화해 주고 관절염, 류머티즘, 통풍에 도움을 준다.
- 지성피부, 여드름, 막힌 모공, 습진, 건선, 부종 등을 완화해 준다.

✚ 사용법 : 습포, 마사지, 목욕에 사용 가능하다.

✚ 주의사항

- 무독성, 무자극이다.
- 피부를 자극할 수 있으므로 잘 희석해야 하며 점막에 묻지 않도록 주의해야 한다.
- 임산부 또는 심장병 환자는 사용을 금한다.

블랙페퍼(Black Pcppcr)

- 학명 : Piper nigrum
- 원산지 : 남부 인도와 인도네시아
- 추출부위 : 열매
- 추출법 : 수증기 증류법
- 향의 휘발도 : middle note
- 향기 타입 : 신선하고 마른 나무향과 따뜻한 매운 향
- 기원 : 라틴어 'Piper'에서 유래하며 'Piper'는 원래 산스크리트어 'Pippali'에서 나온 말이다.

  블랙페퍼는 BC 4세기에 테오파라투스(Theophrastus)가 블랙페퍼의 특성을 서술했을 정도로 가장 오래된 유명한 향신료 중 하나이다.
- 식물의 특징 : 신선하고 마른 나무향과 건조한 후추가 생각나는 따뜻한 매운 향을 띤다.
- 효능 · 효과
  - 면역계 강장효과와 선열에 도움을 준다.
  - 항진균, 방부효능, 수두, 근육통에 효과적이다.
  - 기관지염, 유행성 독감, 축농증, 백일해에 효과적이다.
  - 빈혈 치료, 타박상에 효과적이다.
- 사용법 : 습포, 마사지에 사용 가능하다.
- 주의사항
  - 무독성, 무자극이다.
  - 지나친 사용은 주의하며, 피부관리에는 사용하지 않는다.

오렌지 스위트(Orange sweet)

✚ **학명** : Citrus sinensis

✚ **원산지** : 히말리아, 중국 남서부지역

✚ **추출부위** : 과피

✚ **추출법** : 냉압착법

✚ **향의 휘발도** : top note

✚ **향기 타입** : 선명한 노란, 오렌지색의 달콤하고 신선한 감귤향

✚ **기원** : 고대 중국에서 처음 사용되었으며, 고대 중국에서는 수 세기 동안 말린 껍질을 기침, 감기, 신경성 식욕부진에 사용했다. 식품향료로 널리 사용되었다. 또한, 유럽에는 16세기 초에 포르투갈 탐험가들에 의해 처음으로 소개되었으며 아메리카 대륙에는 콜럼버스(Columbus)에 의해 소개되었다.

✚ **식물의 특징** : 스위트 오렌지(orange sweet)는 네이블(navel), 자파(jaffa), 발렌시아(valencia)와 같은 많은 품종이 있다. 스위트 오렌지는 비터 오렌지 나무보다 다소 작고, 단단하지 않으며, 가시가 거의 없거나 또는 전혀 없으며, 과실은 작지만 달콤한 과육과 쓴 맛이 나지 않는 막으로 되어 있다.

✚ **효능 · 효과**

- 방부성, 치료, 항경련, 구풍, 담즙 분비촉진, 소화기능을 강화해 주므로 변비, 설사, 장운동에 효과가 높다.

- 마음정화, 피부의 보습과 진정효과, 피부조직을 재생시키고 활력을 준다.
- 우울, 불인, 신경과민성, 불면증치료에 효과가 높다.
- 림프흐름 자극, 셀룰라이트에 효과적이다.
- 건성 피부, 염증 피부, 여드름 피부에 효과가 높다.

+ 사용법 : 습포, 흡입, 목욕, 마사지에 사용 가능하다.

+ 주의사항

- 무독성, 무자극이다.
- 비과민성이다.

Aromatherapy

Chapter 4

캐리어 오일 Carrier oil / Basic oil

캐리어 오일(Carrier oil/ Basic oil)

캐리어 오일은 베이스 오일이라고도 하며, 이동을 시키는 도구의 의미로서 아로마 오일을 피부에 효과적으로 침투시키기 위해 사용하는 식물성 오일을 말한다. 아로마 오일은 농축된 오일이므로 희석시켜서 사용할 수 있는 오일이 필요하다. 이때 사용되는 오일을 캐리어 오일이라고 한다.

캐리어 오일은 식물의 꽃, 씨, 열매 등에서 추출되며 1차 냉각 압축법으로 추출한 100% 천연 오일로 구성되어 있다. 또한, 캐리어 오일은 기본적으로 무향이어야 하며 피부에 친화력이 좋아야 하고, 인체에 유익한 불포화지방산, 비타민, 미네랄 등의 영양성분을 함유하고 있어 그 자체만으로 약리효과를 발휘할 수 있어야 한다. 캐리어 오일은 피부증상 및 피부유형에 따라 선택하며 목적에 따라 2~3가지를 혼합하여 사용할 수 있다.

캐리어 오일의 종류

1 아몬드 오일(Sweet Almond oil)

스위트 아몬드 열매로부터 추출되며 중동 지역이 원산지이고, 스위트 아몬드와 비터 아몬드 2가지 품종이 있다. 미네랄이 풍부한 영양오일이다. 특히 산성화된 피부의 pH Balancing에 최고의 오일로 지치고 건조하며 탄력을 잃은 피부세포에 충분한 비타민을 공급하는 오일이다. 모든 피부를 보호하고 영양을 공급, 자극을 진정하여 건조하고 예민한 피부, 노화 피부에 효과적이다. 향기요법에 가장 좋은 마사지 오일이다. 그러나 견과류 알레르기가 있는 사람은 확인하고 사용하는 것이 좋으며 가격이 비교적 저렴하고 좋은 오일이다. 중앙아시아, 중동, 미국과 일본에서 많이 생산된다. 담황색이며 적은 악취가 난다.

2 살구씨 오일(Apricot Kernel oil)

지중해 연안이 원산지로 아주 가벼운 느낌의 미세한 오일이다. 비타민 E, 올레인산, 리놀산이 풍부한 영양 오일이다. 스위트 아몬드 오일과 유사하나 가격이 조금 비싸며 피부를 보호하고 풍부한 영양을 공급해 준다. 피부 흡수력이 우수하며, 건성, 염증성 피부에 효과적이다. 약간 지성 타입에 적당하다. 민감성, 여드름에 효과적이다.

3 아보카도 오일 (Avocado oil)

미국의 남쪽이 원산지로 비타민 D, 올레인산, 리놀산이 풍부한 영양 오일이다. 유분이 많으면서 침투력이 매우 뛰어나며 건조, 습진, 갈라진 피부에 사용하며 섬유아세포를 증가시키고 활성화하는 작용이 우수하므로 노화된 피부에 좋다. 그러나 아보카도 오일은 쉽게 산화되어 악취를 내므로 잘 밀봉해서 냉장고에 보관하는 것이 좋다. 오일의 점도가 다소 끈적거리는 편이어서 블렌딩 시 다른 베이스 오일과 함께 혼합하여(10~15%) 사용하는 것이 좋다.

4 호호바 오일(Jojoba oil)

캘리포니아와 멕시코의 사막이 주 원산지로 액체 왁스(Liquid wax)라고도 한다. 호호바 오일의 화학구조가 피지와 비슷하여 모공을 막지 않아 피부염을 비롯하여 여드름에도 안심하고 사용할 수 있다. 침투력과 보습력이 뛰어나서 고급 화장품에 많이 사용한다. 모든 피부타입에 적합하며 견과류 알레르기의 경우 사용될 수 있는 대체오일이다.

5 보리지 오일(Borage oil)

유럽의 Star flower로 알려져 있으며 필수지방산인 감마리놀렌산이 16~23% 정도나 함유되어 세포재생, 활성, 신진대사 활성화 기능이 우수하다. 주름 완화, 수분, 보습, 건선에 사용하며 노화 피부와 염증

피부에 효과적이다. 보리지 오일은 빛, 열, 습도, 공기에 불안정하여 어둡고 찬 곳에 보관한다. 개봉 후 2개월 이내에 사용한다.

6 휘트점 오일(Wheat germ oil)

밀의 싹에서 추출되는 에센셜로 피토스테롤(Phytosterol), 비타민 B와 레시틴이 함유되어 있다. 오일의 부패방지용으로도 사용한다. 무겁고 강한 냄새가 나며 캐리어 오일로 사용할 때 소량 사용한다. 건성, 노화, 손상된 피부에 효과적이고 스포츠마사지 시 에센셜 오일에 섞어 사용한다.

7 그레이프 시드 오일(Grape seed oil)

포도 씨앗으로부터 추출되어 산화를 막는 성분이 매우 강해 피부의 노화를 방지하고 젊음을 유지하는 오일로 알려져 아로마테라피스트들이 선호한다. 단백질, 비타민, 미네랄을 풍부하게 함유한 오일이며 피부 흡수력이 뛰어나고 끈적임이 없어 지성, 여드름 피부에 적합하다.

8 칼렌둘라 오일(Calendula oil)

칼렌둘라 오일은 지중해 지역이 원산지이며, 칼렌둘라 꽃잎에서 추출해 풍부한 비타민, 미네랄, 단백질을 함유한다. 선플라워 오일처럼 가벼운 촉감의 오일이다. 상처, 반흔, 멍, 정맥류, 화상, 부종, 갈라지고 건조한 피부에 효과적이며 아토피나 문제성 피부에 효과적

이다. 일반적으로 스위트 아몬드 오일이나 그레이프 시드 오일에 15% 정도 혼합하여 마사지에 사용한다.

9 캐놀라 오일(Canola oil)

유채 씨로 알려져 있으며, 기름은 시판용 식품에 광범하게 이용된다. 캐놀라는 양배추 과에 속하는 식물이다. 캐놀라 오일은 다른 오일보다 불포화 지방산의 함유율이 높다.

10 코코넛 오일(Coconut oil)

원산지는 남아시아, 동인도, 남아메리카, 아프리카에서 많이 생산되며 색깔은 희고, 실온에서 악취가 없다. 천연의 오일은 차가운 온도에 굳는 반면, 분류된 코코넛 오일은 액체 상태를 유지한다. 마사지 크림이나 마사지 오일의 베이스, 일반적인 윤활제로 많이 사용하며 모발관리에도 효과가 좋다.

11 선플라워 오일(Sunflower oil)

미네랄, 필수지방산, 비타민 등의 영양소를 함유하고 있다. 리놀렌산이 60% 함유되어 모든 피부 타입에 적합한 다목적 캐리어 오일로 사용된다. 피부질환과 타박상, 염증, 관절염에도 효과가 있다. 어린이나 3세 미만의 아기에게도 알레르기 등의 위험이 없이 안전하게 사용할 수 있는 오일이다.

12 달맞이꽃 오일(Evening primrose oil)

북아메리카 인디언 의사들이 처음으로 이 식물의 치유성 있는 약제로서의 잠재성을 인식하고, 종자 꼬투리를 끓여서 상처 치료용 달인 즙액을 만들어 사용하였다. 보리지 오일과 같이 필수지방산인 리놀렌산이 풍부하게 함유된 오일이다. 개봉 후 2개월 이내에 사용하며 매우 비싸며 보통 블렌딩 시 다른 베이스 오일과 함께 혼합하여(10%) 사용한다. 냉장보관하는 것이 좋으며 건선, 각질이 일어난 피부, 비듬에 효과적이며 상처치유를 촉진시켜 준다.

13 올리브 오일(Olive oil)

지중해연안, 캘리포니아가 주 원산지로 식품에도 사용된다. 올리브유는 올리브 나무의 열매에서 얻어진 것으로 '감람유'라고도 한다. 구약성서의 창세기에는 "비둘기가 저녁때가 되어 돌아왔을 때 부리에 금방 딴 올리브 이파리를 물고 있었다."라는 기록이 있다. 또한, Hippocrates는 올리브 오일로 마사지를 처방하였다. 올리브 오일은 단백질, 비타민, 미네랄, 필수지방산이 풍부한 오일이며, 피부자극, 피부염, 화상, 튼살, 수분 부족한 피부, 반흔의 예방과 치료에 우수하며 천연 자외선 차단제, 모발 영양제로 효과가 좋다.

14 마카다미아 오일(Macadamia oil)

호주(오스트레일리아)와 하와이에서 경작되며, 피부에 쉽게 흡수되

어 윤활제로서 우수하다. 피지에서 발견되는 팔미트올레산을 20% 함유하여 피부의 노화를 방지하며 피부온도를 높여 준다. 건성 피부 및 중년 피부에 영양분이 풍부하고 피부를 부드럽게 한다.

15 세인트 존스 워트 오일(Saint John's Wort oil)

요하니스 약초 오일이라고 불릴 만큼 자체 약용(하이페리신)을 함유하여 오일이 붉은색을 띠기 때문에 빨간 오일이라 부르기도 한다. 하이페리신 성분은 우울증에 효과가 있어 독일에서는 우울증 치료제로 사용한다. 항염증 작용과 흥분한 신경을 완화하는 효과가 있어 신경통, 좌골, 화상, 타박상에 사용한다.

16 로즈 힙 오일(Rose hip oil)

남아메리카 안데스산지가 주 원산지이며, 금색의 붉은색으로 가벼운 느낌이 나는 오일이다. 레티놀, 비타민 C를 함유하고 있어 뛰어난 피부 재생효과를 가진 오일이다. 남아메리카 외과 의사들의 실험에 의하면 화상, 얼굴주름, 수술 후 생긴 상처자국 치유에 뛰어난 효과가 있다. 특히 입가의 주름, 눈가의 깊은 주름에 효과적이며 고급 화장품의 원료로도 사용한다.

히드로졸(Hydrosol) / 플로랄 워터(Floral Watcr)

히드로졸은 플로랄 워터(Floral Water)라고도 하는데, 에센셜 오일을 수증기 추출법으로 추출하는 과정에 얻어지는 부산물인 식물수이다. 히드로졸(Hydrosol)은 꽃물이나 히드로레이트(Hydrolat)라고 알려져 있다. 히드로졸은 hydro는 물, sol은 용액을 의미한다. 히드로졸의 작용은 점막과 피부를 보호하고 감염을 억제하며, 피부를 탄력 있게 만들어 주고, 피부의 산성 막과 pH를 조절해 주며 피부의 수분 함량을 증가시키고 활성 물질과 지질을 흡수하도록 준비시켜 준다. 현재 다양하게 쓰이는 히드로졸이 많이 나와 있는데, Rose Water, Orange Water가 가장 널리 사용되고 있다. 얼굴에 수분을 공급하기 위해 미스트(mist) 안에 넣어 쓸 수 있다.

주의 사항

방부제가 들어 있지 않은 히드로졸(Hydrosol) 들은 보존기간이 길지 않다. 식물에 따라 차이가 있으나 유효기긴은 보통 6~12개월 정도이다.

히드로졸은 완벽하게 산성과 균형을 이루기에 피부관리에 아주 좋다. 무균성이며 염증을 막아 준다.

1 라벤더 워터(Lavender Water)

라벤더 오일처럼 다양하게 사용되며 모든 피부 타입에 다 사용할 수 있다. 피부 진정 효과가 뛰어나 햇볕에 그을린 피부나 면도 후 손상된 피부, 습진, 건선, 염증성 피부에도 도움을 준다. 또한, 심리적으로 불안한 상태를 진정시키는 데도 이용되며 호흡기 감염에도 효과가 있다.

2 멜리사 워터(Melissa Water)

예민한 피부를 부드럽게 하는 작용이 뛰어나며 진정효과가 높다.

3 로즈 워터(Rose Water)

진정 작용이 뛰어나고 지친 피부를 활성화시키며, 거칠고 건조한 피부에 영양과 수분을 주며 생기와 탄력을 준다. 모든 피부에 잘 맞고 수렴효과가 뛰어나며 특히 염증성·민감성 피부에 좋다. 눈이 아프거나 자극을 받았을 때 거즈에 로즈 워터를 떨어뜨려 눈꺼풀 위에 올려놓으면 증상이 좋아진다.

4 로즈메리 워터(Rosemary Water)

지치고 피곤하며 생기를 잃은 피부를 자극해 활성화시키며, 마른버짐이나 가려움증 등 피부 트러블에 효과가 있다. 순환개선, 수렴 작용에 효능 · 효과가 있다.

5 캐모마일 워터(Chamomile Water)

염증이나 민감성 피부에 탁월한 효과를 보며 아기들에게도 안심하고 사용할 수 있는 안정적인 워터이다. 햇볕에 그을린 피부를 진정시키고 코 점막의 증상을 완화하기도 한다. 잠이 오지 않을 때 사용하면 숙면에 도움을 준다.

6 네롤리 워터(Neroli Water)

건성 피부, 민감한 피부에 좋고 섬세한 향기가 안정감과 편안함을 가져다준다.

Aromatherapy

Chapter 5

다양한 아로마테라피 적용법

에센셜 오일의 사용은 다양하게 이루어지며 인체에 적용에 따라 확산법(Vaporization method), 목욕법(Bath method), 증기흡입법(Inhalation method), 건식흡입법(Dry inhalation), 습포법(Cataplasm method), 마사지법(Massage method), 관주법(Douche)으로 구분한다.

확산법(Vaporization method)

방향요법은 에센셜 오일의 향 입자가 두뇌를 자극하여 감정적 변화를 조절하여 심신균형을 정상화시켜 주는 방법이다. 아로마를 이용한 확산법은 크게 전기나 초를 이용하여 램프, 스프레이식 분사법을 들 수 있다.

1 램프 확산법(Lamp diffusion)

아로마 램프나 디퓨저, 버너형 발향기를 이용하여 아로마 향기를 공기 중으로 발산시키는 방법이다. 흡입시간은 1~3시간 정도가 적당하며, 주로 실내공기를 정화시켜 주거나 낮의 기분상승, 집중력, 최음효과, 스트레스 해소, 불면증, 공기정화 및 감기예방 등에 널리 이용된다(아로마 램프, 아로마 스톤, 아로마 목걸이).

그림 5-1
버너형 발향기

2 스프레이 분사법(Spray method)

스프레이 분사법은 스프레이 분무기가 장착된 용기에 아로마 에센셜 오일을 정제수나 알코올에 희석하여 분사해 주는 방법이다. 주로 거실이나 실내 환경에서의 공기를 정화시켜 주며, 바이러스 감염 등으로 인한 호흡기 질환에도 효과적으로 이용된다.

목욕법(Bath method)

목욕법은 신진대사를 원활하게 하고 혈액순환을 도와 심신의 긴장을 완화해 주는 효과가 있다.

정유를 이용한 목욕법은 피부질환 치유, 근육통증 완화, 호흡기계 증진, 스트레스 감소, 혈액 및 림프순환 촉진의 탁월한 효과를 나타낸다. 목욕 후 피부의 표면에는 아로마 오일이 있기 때문에 수건으로 닦아내지 말고 그대로 몸을 말리거나 피부에 로션을 발라 주는 것이 효과적이다.

수온 섭씨 40℃를 기준으로 그 이상일 때는 교감신경계를 자극하게 되고, 그 이하일 때는 부교감신경에 영향을 미친다.

고온 단시간

심신의 자극, 기분전환

저온 장시간(약 섭씨 38℃)

릴렉스, 스트레스 해소

냉, 온 교차

전체 자율신경계에 골고루 영향을 주므로 몸 전체의 기능이 상승된다.

- 전신욕 : 온몸을 욕조에 15분간 담근다.
- 족　욕 : 따뜻한 물에 발목까지 잠기도록 발을 담근다.
- 수　욕 : 따뜻한 물에 팔목까지 잠기도록 손을 담근다.
- 좌　욕 : 물이 허리와 아랫배까지 잠기도록 한다.

증기흡입법(Inhalation method)

증기흡입법(Inhalation method)은 얼굴 피부에 보습효과를 주고 호흡기와 순환기계를 촉진시켜 주는 작용을 한다. 장시간 방향하는 램프 확산법에 비해 증기흡입법은 단시간 내 강력하게 흡입되는 방법으로 감기, 기관지염, 후두염, 편도선, 축농증 등 호흡기 질환에 아주 효과적인 방법이다. 따뜻한 물에 아로마 오일을 혼합하여 흡입은 10분 정도 실시한다.

습식 흡입을 실시할 때에는 반드시 눈을 감고 입을 벌리며 호흡을 가급적 깊게 하는 것이 좋다.

건식흡입법(Dry inhalation)

건식흡입법은 아로마 에센셜 오일을 티슈, 손수건, 거즈, 베갯잇 등에 한두 방울 떨어뜨린 후 3~5분 정도 코로 흡입하는 방법이다. 호흡기의 경로를 통하여 아로마 향기가 신체로 유입되며, 주로 졸음, 멀미, 경미한 두통 등에 이용된다.

습포법(Cataplasm method)

국소적인 부분에 오일을 사용하여 증상을 완화해 주는 요법으로 뜨거운 물을 이용한 온습포와 차가운 물을 이용한 냉습포가 있다.

습포의 장점은 피곤함을 제거하고, 혈액순환을 개선하며 통증을 완화시킨다. 또한, 림프관과 정맥이 막혀 부어오르거나 충혈이 생기는 것을 억제하고, 몸의 열을 낮추어 주며 염증의 개선 등에 효과적이다.

1 온습포

온습포는 주로 류머티스 관절염, 허리통증 등의 만성질환과 생리통, 이통, 발열, 치통에 효과적이다(캐모마일, 클라리세이지, 라벤더, 마저림, 페퍼민드, 로즈메리).

2 냉습포

냉습포는 피부의 수렴, 진정, 모공수축, 통증완화에 효과적이며 두통, 눈 부위의 부기, 염좌, 멍, 타박상 등에 이용된다(라벤더, 로즈메리, 샌들우드, 제라늄, 캐모마일).

마사지법(Massage method)

혈액순환과 신진대사의 활동을 원활하게 하고 마사지를 통해 근육과 신경을 자극시키며 림프의 배출을 촉진시켜 정체되어 있는 수분과 노폐물을 제거해 준다(아몬드 오일, 아보카도 오일, 맥아 오일, 호호바 오일).

마사지를 금하는 경우

- 뜨거운 목욕이나 사우나 직후 : 피부는 열기, 독소, 습기를 제거하는 데 약 1시간 정도 필요하므로 정유를 흡수시킬 수 없다.
- 열이 있는 경우(바이러스에 의한 감염으로) : 림프계를 통한 전파가 촉진될 수 있다.
- 최근에 수술을 받은 경우
- 심장 질환이 있는 경우
- 식사 후 복부에 대한 마사지
- 등에 심한 통증이 있는 경우

관주법(Douche)

일반적으로 구내염이나 방광염 같은 비뇨 생식기 감염에 의해 발생하는 문제점에 쓰이는 방법이다. 또한, 생식기 주변에 가려움이나 염증발생 시 물을 100℃까지 끓였다가 식힌 물에 라벤더, 티트리, 베르가모트 등의 오일을 희석하여 세척하는 방법이다(티트리, 세사미, 미르, 베르가모트).

표 5-1 다양한 아로마테라피 적용법

흡입경로		사용방법	권장량	효과 및 적용
확산법	코	확산법	3~5방울 / 20mL 물	실내 공기청정, 방향, 불면증, 우울증
		증기흡입법	3~5방울 / 1대야	호흡기 질환
		건식흡입법	1~2방울	두통, 콧물, 멀미
		스프레이 분사법	3~12방울 / 100mL	구취제거, 방향, 인후염, 비염
목욕법	코, 피부	전신욕	5~10방울 / 욕조	스트레스 감소, 피부미용, 피부질환, 순환계 촉진
		족욕법	5~7방울 / 대야	순환장애, 피로, 스트레스
		좌욕법	3~5방울 / 대야	부인과질환, 항문질환
습포법	피부	온습포	3~5방울 / 500mL	만성적 통증, 관절염, 근육통, 정맥류
		냉습포	3~5방울 / 500mL	급성 통증, 인대손상, 지혈, 두통
마사지	피부	국소도포	5~10% 원액 사용 가능 (라벤더, 티트리)	국소피부질환(열상, 화상, 가려움, 수포, 무좀, 아토피)
		광역도포	2~3%	긴장이완, 스트레스 감소, 림프 및 혈액순환, 피부미용

Aromatherapy

Chapter 6

생활 속의 아로마테라피 적용법

스킨 케어와 아로마테라피(Skin Care & Aromatherapy)

에센셜 오일, 아로마 워터 그리고 천연물질은 피부관리에 적절하며 실질적인 피부재생과 회복을 유지하고 신진대사 기능을 정상화시킨다.

1 건성 피부(Dry Skin)

피부표면의 피지분비 감소에 의해 피부표면이 거칠고 건조한 피부를 의미한다.

건성 피부는 세안을 한 후 심하게 당기고 외부의 환경으로부터 피부가 쉽게 건조해지며 피지가 없기 때문에 빨리 주름이 생기는 특징이 있다. 건성 피부의 원인으로는 올바르지 못한 식생활 습관과 잘못된 화장품 선택과 피부관리, 지나친 일광, 바람, 노화현상 등을 원인으로 볼 수 있다.

에센셜 오일은 피부에 지방 공급을 원활히 하는 데 도움을 준다. 꽃에서 추출한 저먼 · 로만 캐모마일, 네롤리 등을 건성 피부에 사용할 수 있다.

아로마테라피 적용법

에센셜 오일(Essential oil)

- 저먼 · 로만 캐모마일, 제라늄, 재스민, 라벤더, 네롤리, 로즈우드, 샌들우드, 일랑일랑, 벤조인

캐리어 오일(Carrier oil / Basic oil)

- 아보카도 오일, 맥아 오일, 스위트 아몬드 오일, 호호바 오일, 로즈 오일

적용방법

- 캐리어 오일 50mL : 샌들우드(15방울) + 로즈(5방울) + 제라늄(4방울)을 혼합하여 사용한다.

2 복합성 피부(Combination Skin)

얼굴 부위에 따라 다른 피부의 유형이 나타나는 것을 말한다.

복합성 피부는 T-Zone 부위는 피지의 분비가 많은 것에 비해 볼 부분은 피지의 분비가 적은 것이 특징이다. 복합성 피부는 외부의 환경과 호르몬 분비의 이상에 의해서 결정되는데 여성들이 남성보다 많다.

복합성 피부의 특징은 눈가가 건조하여 잔주름이 생기고 피부조직이 고르지 못하여 T-Zone 부위가 번들거리고 블랙헤드가 생기는 것이 특징이다.

피부를 자극하지 않는 거의 모든 에센셜 오일을 복합성 피부에 사용할 수 있다.

아로마테라피 적용법

에센셜 오일(Essential oil)

- 제라늄, 라벤더, 네롤리, 팔마로사, 일랑일랑, 로즈우드, 샌들우드

캐리어 오일(Carrier oil / Basic oil)

- 복숭아씨 오일, 살구씨 오일, 호호바 오일

적용방법

- 캐리어 오일 50mL : 라벤더(15방울)+재스민(4방울)+제라늄(3방울)을 혼합하여 사용한다.

3 지성 피부(Oilly Skin)

피부표면에 피지가 과도하게 분비되는 피부를 말한다.

지성 피부는 모공이 넓고 각질이 많으며 여드름과 같은 피부 트러블이 많이 생긴다.

지성 피부는 여성보다는 남성이 많으며 이것은 남성호르몬이 과다하게 분비되어 피지선을 자극하기 때문이다. 지성 피부는 20대보다 10대에서 많이 발견된다.

에센셜 오일은 피지 생성 양을 감소시키는 것을 도울 수 있고 간접적으로는 감염 원인인 박테리아를 조절해 주기 때문에 지성 피부 관리에 효과적이다.

아로마테라피 적용법

에센셜 오일(Essential oil)

- 레몬, 사이프러스, 주니퍼 베리, 니아울리, 스위트 오렌지, 유칼립투스, 제라늄, 라벤더, 만다린, 티트리

캐리어 오일(Carrier oil / Basic oil)

- 호호바 오일, 카멜리아 오일, 하이페리쿰 오일

적용방법

- 캐리어 오일 50mL : 라벤더(15방울)+사이프러스(10방울)+주니퍼 베리(5방울)를 혼합하여 사용한다.

4 민감성 피부(Sensitive Skin)

정상 피부에 비해 면역기능이 약하고 외부의 자극에 쉽게 반응하는 피부를 말한다.

민감성 피부는 유전적인 요인과 후천적인 요인이 있는데, 요즘은 유전적인 요인보다는 후천적 요인의 작용이 크다.

유전적인 요인은 피부의 각화과정이 남들보다 빠르게 진행되어 피부가 얇아지는 현상을 말하며, 후천적인 요인으로는 자외선과 열에 의한 자극, 스트레스, 병에 의해 그리고 환경오염, 잘못된 화장품 선택 등에 의해 피부가 손상되는 현상을 말한다. 민감성 피부는 피부염이나 홍반, 가려움증을 가져온다.

아로마테라피 적용법

에센셜 오일(Essential oil)

- 저먼 · 로만 캐모마일, 만다린, 라벤더, 네롤리, 로즈우드, 샌들우드

캐리어 오일(Carrier oil / Basic oil)

- 선플라워 오일, 캐럿 오일, 이브닝프라임 로즈 오일

적용방법

- 캐리어 오일 50mL : 캐모마일(20방울)을 혼합하여 사용한다.

5 노화 피부(Aging Skin)

노화 피부는 나이가 들어가면서 대사율이 저하되고 기능이 약화되어 생기는 피부를 말한다.

노화 피부의 원인은 유전적, DNA의 손상, 면역력 저하, 신경세포의 파괴, 순환계의 장애, 환경적인 요인에 의해서 생긴다는 학설들이 있으나 정확하게 밝혀진 것은 없고 이런 요인들에 의해 발생된다는 추측만 있을 뿐이다. 노화의 형태는 환경적 · 생리적인 형태로 구분할 수 있다.

노화 피부의 특징은 큰 주름이 생기고 피부의 윤기와 탄력이 떨어지는 특징을 지니고 있다.

아로마테라피 적용법

에센셜 오일(Essential oil)

- 라벤더, 로즈, 저먼 · 로만 캐모마일, 프랑킨센스, 네롤리, 미르, 팔마로사, 파촐리, 로즈우드, 샌들우드

캐리어 오일(Carrier oil / Basic oil)

- 휘트점 오일, 아보카도 오일, 로즈 힙 오일, 호호바 오일, 복숭아씨 오일, 살구씨 오일

적용방법

- 캐리어 오일 50mL : 라벤더(15방울) + 프랑킨센스(5방울) + 로즈(5방울)를 혼합하여 사용한다.

6 여드름 피부(Acne Skin)

모낭에 있는 피지선의 피지가 피부표면에 배출되지 못하고 모공 내에 쌓여 모낭구조가 파괴되는 피부를 말한다.

여드름 피부는 유전적인 요인과 스트레스와 호르몬, 잘못된 화장품의 선택, 올바르지 못한 식생활에 의해 발생된다.

여드름은 피지가 과다하게 분비 → 각질화 → 세균에 의한 감염의 과정으로 생성된다. 여드름의 형태는 구진성 · 농포성 · 면포성 · 결정성 · 낭종성 여드름 등으로 구분된다.

여드름은 일반적으로 얼굴에 나는 것으로 알고 있는데 얼굴뿐만 아니라 가슴, 등, 항문, 목에서도 난다.

아로마테라피 적용법

에센셜 오일(Essential oil)

- 베르가모트, 사이프러스, 주니퍼 베리, 레몬, 시더우드, 라벤더, 제라늄, 로만 캐모마일

캐리어 오일(Carrier oil / Basic oil)

- 호호바 오일, 카멜리아 오일, 하이페리쿰 오일

적용방법

- 캐리어 오일 50mL : 베르가모트(15방울) + 사이프러스(10방울)를 혼합하여 사용한다.

7 모세혈관 확장피부(Telangiectasia)

모세혈관 확장피부는 육안으로 볼 때 혈관이 확장되어 보이는 피부를 말한다.

모세혈관 확장피부는 연령에 관계없이 발생되고 남성보다 여성에게 많이 나타나며 내적인 요인과 외적인 요인으로 인하여 발생되는데, 내적인 요인으로는 비타민 부족, 스트레스, 내분비 기능장애 등을 꼽을 수 있고, 외적인 요인으로는 지나친 음주, 흡연, 강한 자외선, 자극적인 음식이나 카페인이 많이 함유된 음식, 잘못된 피부관리로 인해 모세혈관 확장피부에 영향을 미친다.

모세혈관 확장피부의 형태로는 홍반과 모세혈관 파열, 전신 홍색증으로 구분할 수 있다.

아로마테라피 적용법

에센셜 오일(Essential oil)

- 라벤더, 제라늄, 사이프러스, 저먼 캐모마일, 라벤더, 네롤리, 로즈오토, 샌들우드

캐리어 오일(Carrier oil / Basic oil)

- 아몬드 오일, 로즈 힙 오일

적용방법

- 캐리어 오일 50mL : 라벤더(15방울) + 제라늄(5방울) + 사이프러스(2방울)를 혼합하여 사용한다.

8 그 외

잔주름

- 캐리어 오일 50mL : 펜넬(15방울)+라벤더(5방울)+로즈(5방울)를 혼합하여 사용한다.

튼살

- 캐리어 오일 50mL : 그레이프프루트(20방울)+라벤더(10방울)를 혼합하여 사용한다.

기미

- 캐리어 오일 50mL : 네롤리(15방울)+레몬(10방울)을 혼합하여 사용한다.

습진과 건선

- 스위트 아몬드 오일, 호호바 오일 15mL : 라벤더(3방울)+주니퍼(2방울)+제라늄(3방울)을 혼합하여 아침저녁으로 사용한다. 피부가 건조할 때는 샌들우드(1방울)를 추가해서 발라 준다.

화상

- 에센셜 오일 : 제라늄, 라벤더, 저먼 캐모마일, 티트리
- 습포, 도포 : 해당 부위를 찬물에 담그게 한 후 라벤더 원액을 바르거나 라벤더(2방울)+주니퍼(2방울)를 적신 냉습포를 한다.

벌레 물린 데

- 에센셜 오일 : 라벤더, 저먼 캐모마일, 티트리
- 습포, 도포 : 부풀어 오르면 라벤더(2방울) + 케모미일(2방울)을 적신 냉습포를 하며 라벤더 또는 티트리(1방울) 원액을 바른다.

모발 케어와 아로마테라피(Hair Scalp Care & Aromatherapy)

우리 인간의 몸은 손바닥, 발바닥, 눈꺼풀, 입의 점막, 배꼽, 유두 등을 제외한 전신에서 털이 자란다. 모발의 주요 기능으로는 우선 신체 보호의 기능을 들 수 있다. 예를 들면 눈썹은 눈 속으로 땀이 흘러 들어가지 못하도록 하고, 속눈썹은 먼지로부터 보호해 주며, 코털, 귓속 털은 먼지나 벌레의 침입을 막아 주는 역할들을 한다. 뿐만 아니라 신체에 해로운 비소, 수은, 아연 등의 중금속을 체외로 배출하는 기능도 가지고 있다. 그 외에 인간은 미에 대한 무한한 욕구를 가지고 있어 장식면에서도 여성과 남성의 특징을 나타내는 주요한 역할을 가지고 있다.

1 비듬

두피에서 자연적으로 떨어져 나오는 각질이 지방이나 먼지가 묻어서 생기는 때의 일종으로서 피지의 과다분비, 호르몬의 불균형, 두피세포의 과다증식, 그리고 유전적인 요인과 피부에 상주하는 효모균(곰팡이균)의 일종인 Pityrosporum ovale도 중요한 역할을 하며, 스트레스 등과 같은 정신적인 장애에 의해 악화되기도 한다. 특히 효모균을 비듬균이라고 하는데, 이 균은 오일성분이 많은 경우에 증식이 많아지며, 정상적인 숫자보다 많아지는 만큼 비듬도 많아진다.

아로마테라피 적용법

에센셜 오일(Essential oil)

- 기름진 비듬 : 주니퍼 베리, 시더우드, 로즈메리, 레몬
- 건조하고 갈라진 모발 : 라벤더, 제라늄, 샌들우드

캐리어 오일(Carrier oil / Basic oil)

- 호호바 오일, 보리지 오일, 캐럿 시드 오일, 스위트 아몬드 오일

적용방법

- 건성 두피 : 캐리어 오일 30mL, 라벤더(7방울) + 제라늄(7방울) + 샌들우드(4방울)를 혼합하여 사용한다.
- 지성 두피 : 캐리어 오일 30mL, 시더우드(8방울) + 로즈메리(5방울) + 레몬(5방울)을 혼합하여 사용한다.

2 탈모

모발은 보통 정상인에서 서양인의 경우 약 12만 개 전후, 동양인의 경우 약 10만여 개로 추정되며 그 가운데 약 85%가 성장기의 모발이며, 1~2%가 퇴화기의 모발, 10~14%가 휴지기의 모발이다. 건강한 모발의 경우 성장주기를 유지하고 있어도 하루에 자연적으로 빠지는 모발의 수는 20~30대에는 하루 90개 정도이다. 특히 머리를 감을 경우, 모발은 쉽게 빠져 더욱 두드러지지만, 그와 동시에 같은 수의 털이 매일 나고 있으므로 탈모는 눈에 띄지 않는다. 그러나 고령자가 될수록 탈모의 수는 늘어나서 50~60세가 되면 150개 정도의 탈모와 더불어 털의 성장도 늦어져 탈모가 눈에 띄게 된다. 즉 휴지기의 모발은 하루에 50~100개 정도가 계속해서 빠지게 되며 빠진 자리에는 새로운 모발이 형성되어 자란다.

아로마테라피 적용법

에센셜 오일(Essential oil)

- 두피자극 : 로즈메리, 일랑일랑
- 탈모방지 : 라벤더, 시더우드

히드로졸(Hydrosol) / 플로랄 워터(Floral water)

네롤리 워터, 멜리사 워터

히드로졸(Hydrosol)

- 두피 마사지 : 네롤리 워터 30ml, 로즈메리(3방울)+일랑일랑(3방울)+시더우드(2방울), 보드카 1/2 티스푼을 혼합하여 탈모 부위에 떨어뜨린 후 2~5분간 마사지한다.

발 케어와 아로마테라피(Foot Care & Aromatherapy)

중국 고대 의학서인 '황제내경'에 기록된 관지법이나 족심도에는 발을 청결하게 다룰 것과 발을 만져 주고 발바닥의 혈도를 자극하면 치료 효과를 얻을 수 있다고 기록되어 있다. 발 관리의 이론이나 수기요법은 유럽으로도 전해져 오늘에 이르고 있는데 발반사요법은 중국에서 시작되어 서구에서 이론적으로 발전하게 되었으며, 질병 예방, 치유, 면역요법 등으로 응용되어 왔다.

1 족욕법(Foot bath)

무좀, 갈라진 발뒤꿈치, 다리신경통, 근육통 등에는 따뜻한 물에 에센셜 오일(페퍼민트, 티트리, 라벤더, 진저 등)을 2~6방울 떨어뜨리고 약 15~20분간 담가두면 지치고 무거운 발을 가볍게 해주며 혈액순환에도 효과가 좋다.

따뜻한 족욕

- 36~42℃ 정도의 온도를 유지
- 동맥을 확장시키며 혈액순환을 촉진
- 사용금지 : 정맥류, 고혈압

차가운 족욕

- 15~18℃ 정도의 온도를 유지
- 찬물로 인하여 동맥이 수축되었다가 점점 확장되므로 혈액순환을 높여 주어 혈관의 기능을 향상시켜 준다.
- 피곤한 발, 냄새나는 발, 정맥류가 있는 사람도 가능하다.

아로마테라피 적용법

에센셜 오일(Essential oil)

- 네롤리, 티트리, 로만 캐모마일

캐리어 오일(Carrier oil / Basic oil)

- 호호바 오일, 알로에 베라 오일

적용방법

- 캐리어 오일 50mL : 네롤리(1방울)+티트리(1방울)+로만 캐모마일(1방울)을 혼합하여 사용한다.

2 발에 정맥류가 있을 때

혈액순환 장애로 순환 속도가 느린 정맥에 혈액이 정체되고 혈관이 이완되고 지속적인 정맥 팽창이 나타나는 경우, 즉 다리의 정맥이 피부로부터 튀어나오고 보기 흉하게 퍼져 있는 상태를 말한다.

아로마테라피 적용법

에센셜 오일(Essential oil)

- 사이프러스, 로즈메리, 주니퍼 베리, 레몬

캐리어 오일(Carrier oil / Basic oil)

- 호호바 오일

적용방법

- 캐리어 오일 50mL : 라벤더(3방울)+사이프러스(5방울)+제라늄(5방울)을 혼합하여 마사지를 약하게 해준다. 이때 정맥류가 심한 경우에는 발 마시지를 하지 않도록 해야 한다.

3 발이 지치고 피로할 때

장시간 서 있거나 혈액순환이 되지 않거나 편평족인 경우 다른 사람들 보다 더 쉽게 발에 피로감이 생길 수 있는 상태를 말한다.

아로마테라피 적용법

에센셜 오일(Essential oil)

- 라벤더, 로즈메리, 주니퍼, 안젤리카

캐리어 오일(Carrier oil / Basic oil)

- 호호바 오일

적용방법

- 캐리어 오일 20mL : 라벤더(4방울) + 로즈메리(4방울)를 혼합하여 발 마사지를 해준다.

4 발과 다리에 혈액, 림프, 순환촉진

혈액순환이 되지 않거나 림프의 흐름이 원활하지 않으면 쉽게 다리에 긴장이 오고 다리 자체가 묵직한 느낌이 나타나는 증상을 말한다.

아로마테라피 적용법

에센셜 오일(Essential oil)

- 클라리세이지, 주니퍼 베리, 진저

캐리어 오일(Carrier oil / Basic oil)

- 스위트 아몬드 오일

적용방법

- 캐리어 오일 50mL : 클라리세이지(5방울) + 주니퍼 베리(3방울) + 진저(2방울)를 혼합하여 마사지해 준다.

5 허벅지와 다리 비만이 있을 때

비만한 여성의 대퇴부와 엉덩이, 팔뚝, 넓적다리에서 많이 나타나며, 셀룰라이트는 노폐물, 지방, 수분이 조직에 과도하게 축적되어 나타나는 증상을 말한다.

아로마테라피 적용법

에센셜 오일(Essential oil)

- 주니퍼 베리, 펜넬, 그레이프프루트, 사이프러스

캐리어 오일(Carrier oil / Basic oil)

- 호호바 오일

적용방법

- 캐리어 오일 30mL : 주니퍼 베리(6방울) + 펜넬(3방울) + 그레이프프루트(5방울) + 사이프러스(3방울)를 혼합하여 마사지해 준다.

6 발톱에 무좀이 있을 때

발톱 무좀은 무좀 부위를 파일로 정리해 준 다음 라벤더(3방울) + 미르(2방울)를 알코올에 용해해서 바르거나 티트리를 면봉에 묻혀 사용한다.

7 발에 무좀이 있을 때

전염성 곰팡이 질환으로 발에 생기며, 통풍이 되지 않는 신발이나 장시간 서 있는 사람 또는 발에 땀이 나는 사람들에게 흔히 나타나는 증상을 말한다.

아로마테라피 적용법

에센셜 오일(Essential oil)
- 펜넬, 그레이프프루트, 캐럿시드

캐리어 오일(Carrier oil / Basic oil)
- 호호바 오일

적용방법
- 캐리어 오일 25mL : 펜넬(3방울) + 그레이프프루트(3방울) + 캐럿시드(3방울)를 혼합하여 마사지해준다.

호흡기계와 아로마테라피(Respiratory organ & Aromatherapy)

1 기관지염

기관지염은 감염이나 자극에 의해 기인하는 기관지 염증이다. 기관지염을 예방하기 위해서는 항상 몸을 단련하여 저항성을 높여야 하며, 특히 만성 기관지염이 있는 사람들은 항상 기관지점막에 자극을 줄 수 있는 조건들을 피해야 한다.

아로마테라피 적용법

에센셜 오일(Essential oil)

- 제라늄, 프랑킨센스, 사이프러스, 유칼립투스, 마저럼, 페퍼민트, 샌들우드, 티트리

캐리어 오일(Carrier oil / Basic oil)

- 선플라워 오일

적용방법

- 마사지 : 제라늄(2방울), 티트리(2방울), 파인(4방울)에 캐리어 오일 선플라워 오일(15mL)을 혼합해 마사지해 준다.
- 흡입법 : 티트리(2방울), 타임(10방울), 로만 캐모마일(7방울)을 혼합해 그 중 3방울을 램프에 떨어뜨려 사용한다.

2 천식

천식은 전형적으로 외인성 천식과 내인성 천식 두 가지로 분류한다.

외인성 천식은 집먼지진드기, 꽃가루, 동물의 상피, 곰팡이 등이 원인, 항원이며, 내인성 천식은 운동, 정서불안, 한랭 기후 및 습도의 변화 등이 천식을 유발하거나 악화시키는 원인이다. 향기요법을 적용할 경우 램프 확산법, 흡입법 등은 갑작스러운 호흡곤란을 일으킬 수도 있으므로 조심스럽게 사용해야 한다.

아로마테라피 적용법

에센셜 오일(Essential oil)

- 강력한 거담작용 : 유칼립투스, 레몬
- 감염증세 제거 : 베르가모트, 티트리
- 수축성 경련해소 : 제라늄, 사이프러스, 프랑킨센스, 로즈, 클라리세이지

캐리어 오일(Carrier oil / Basic oil)

- 선플라워 오일

적용방법

- 제라늄(3방울) + 사이프러스(3방울) + 프랑킨센스(3방울)와 캐리어 오일 선플라워 오일 15mL를 블렌딩해 허리, 가슴 부위, 등을 마사지한다.

3 감기, 독감

감기는 바이러스성 질병으로 코와 목구멍 근처인 인두에 염증이 생기는 병이다. 또한, 스트레스가 지속되거나 불규칙한 식사로 인해 면역력이 떨어질 때 자주 걸린다. 증상으로는 피로감, 재채기, 기침, 콧물, 미열, 근육통, 목의 통증, 두통을 동반한다.

아로마테라피 적용법

에센셜 오일(Essential oil)

- 감기예방 : 티트리, 레몬, 베르가모트, 블랙페퍼
- 면역 기능강화 : 라벤더, 로즈메리, 티트리
- 객담 제거 : 유칼립투스, 페퍼민트, 시더우드

캐리어 오일(Carrier oil / Basic oil)

- 선플라워 오일

적용방법

- 마사지 : 라벤더(3방울), 유칼립투스(3방울), 레몬(2방울), 페퍼민트(1방울)에 캐리어 오일 선플라워 오일(15mL)을 혼합해 목뒤, 가슴, 등, 얼굴 부위에 마사지해 준다.
- 흡입법 : 라벤더, 유칼립투스, 레몬, 페퍼민트 각각 1방울씩 섞어 그 중 2방울을 램프에 떨어뜨려 발산시킨다.
- 목욕법 : 라벤더(6방울), 유칼립투스(4방울), 타임(4방울)을 떨어뜨려 목욕한다.
- 가글링법 : 티트리(1방울) + 레몬(1방울)을 100mL 물에 떨어뜨려 가글링한다.

4 인후염

인후염은 인후의 뒤쪽의 예민한 점막을 자극할 수 있는 어떤 것에 의해서 일어날 수 있다. 또한, 건조하면서 타는 듯이 목이 아프거나 목이 쉬고 염증이 있어 삼키기가 어려워진다(진정, 방부작용을 하는 오일은 염증에 대항하고 후두염으로 발전하는 것을 방지한다).

아로마테라피 적용법

에센셜 오일(Essential oil)

- 티트리, 레몬, 라벤더, 카유푸티, 프랑킨센스, 샌들우드

적용방법

- 마사지 : 프랑킨센스, 라벤더, 샌들우드에 캐리어 오일 선플라워 오일(15ml)을 혼합해 목 뒤, 가슴, 등, 얼굴 부위에 마사지해 준다.
- 흡입법 : 라벤더, 티트리, 카유푸티 각각 1방울씩 섞어 그 중 2방울을 램프에 떨어뜨려 발산시킨다.
- 가글링법 : 티트리(3방울)를 100mL 물에 떨어뜨려 가글링한다.

5 편도염

편도염은 인후입구 양쪽에 있는 림프 조직선인 편도의 염증이다. 편도염은 통증과 편도의 염증, 삼키기 어려움, 쉰 목소리, 기침이 증상으로 보이며 다른 증상은 두통, 이통, 발열 등이 나타난다(편도염과 인후염의 치료가 유사하다).

아로마테라피 적용법

에센셜 오일(Essential oil)

- 티트리, 레몬, 유칼립투스, 타임

적용방법

- 흡입법 : 유칼립투스, 티트리, 타임, 레몬 각각 1방울씩 섞어 그 중 2방울을 램프에 떨어뜨려 발산시킨다.
- 가글링법 : 티트리(1방울)를 100mL 따뜻한 물에 떨어뜨려 가글링 한다.

소화기계와 아로마테라피(Alimentary system & Aromatherapy)

1 소화불량

소화불량은 위쪽에 주로 나타나는 만성적이고 주기적인 복통, 불쾌감, 속쓰림, 헛배 부름을 말한다.

아로마테라피 적용법

에센셜 오일(Essential oil)

- 클로브버드, 바질, 주니퍼, 오렌지, 페퍼민트, 로만 캐모마일, 로즈메리, 바질, 진저, 시나몬, 카더몬

적용방법

- 마사지 : 클로브버드(3방울), 바질(3방울), 진저(2방울)에 캐리어 오일 선플라워 오일(15mL)을 혼합해 시계방향으로 마사지해 준다.
- 흡입법 : 손수건에 페퍼민트 1방울 떨어뜨려 흡입한다.
- 목욕법 : 카더몬(3방울), 페퍼민트(6방울)를 떨어뜨려 목욕한다.

2 변비

장염, 복부경련 및 일반적으로 장운동과 배변이 곤란한 증상을 말한다. 또한, 성인병의 원인이 되기도 하며 여성에게는 기미, 여드름 같은 피부질환도 유발한다. 만성변비가 되면 소화장애, 복부 팽만감, 두통, 피부장애 등이 생길 수 있다.

아로마테라피 적용법

에센셜 오일(Essential oil)

- 블랙페퍼, 캐럿시드, 시나몬 껍질, 만다린, 로만 캐모마일, 페티그레인, 로즈메리, 마저럼, 라벤더
  - –소화촉진 : 로만 캐모마일, 페티그레인, 로즈메리, 블랙페퍼, 만다린
  - –스트레스 감소 : 마저럼, 라벤더

적용방법

- 마사지 : 마저럼(4방울), 로즈메리(3방울), 로만 캐모마일(2방울)에 캐리어 오일 선플라워 오일(15mL)을 혼합해 복부에 시계방향으로 마사지해 준다. 또는 로즈메리(3방울), 레몬(4방울), 페퍼민트(2방울)에 캐리어 오일 선플라워 오일(15mL)을 혼합해 시계방향으로 마사지해 준다.
- 흡입법 : 손수건에 페퍼민트 1방울 떨어뜨려 흡입한다.
- 목욕법 : 로즈메리(9방울), 레몬(6방울), 페퍼민트(3방울)를 떨어뜨려 목욕한다.

3 설사

설사는 비정상적으로 자주 물과 같은 배변이 특징인 증상이다. 일반적 단순한 설사는 과식, 찬 음식, 부패한 음식 등에 기인하며 기관장애에 의한 경우도 있다. 증상으로는 복통, 복부 팽만감, 식욕 감퇴, 불안 등이 온다.

아로마테라피 적용법

에센셜 오일(Essential oil)

- 블랙페퍼, 마저럼, 캐럿시드, 페퍼민트, 로즈메리, 저먼 · 로만 캐모마일, 사이프러스, 유칼립투스, 스위트 펜넬, 진저, 만다린, 로만 캐모마일, 페티그레인, 주니퍼 베리, 제라늄, 레몬
  - 건성, 수렴 오일 : 사이프러스, 주니퍼 베리, 제라늄, 레몬
  - 박테리아 살균효과 : 티트리
  - 이완작용 : 샌들우드, 로만 캐모마일, 마저럼
  - 통증 완화작용 : 페퍼민트, 로즈메리

적용방법

- 마사지 : 티트리(3방울), 페퍼민트(3방울), 제라늄(1방울), 샌들우드(2방울)에 캐리어 오일 선플라워 오일(15mL)을 혼합해 하복부에 시계방향으로 마사지해 준다.
- 흡입법 : 손수건에 페퍼민트 1방울을 떨어뜨려 흡입한다.
- 목욕법 : 제라늄(6방울), 주니퍼 베리(6방울), 페퍼민트(4방울)를 떨어뜨려 목욕한다.

4 과민성 배변증

스트레스에 의해 발생되어질 수 있는 복부 경련과 헛배 부름과 팽창을 일컫는다.

아로마테라피 적용법

에센셜 오일(Essential oil)

- 블랙페퍼, 캐모마일, 마저럼, 라벤더, 멜리사, 네롤리
  –스트레스 감소 : 마저럼, 라벤더

적용방법

- 마사지 : 캐리어 오일 선플라워 오일(20mL)을 혼합해 복부에 시계 방향으로 마사지해 준다.
- 목욕법 : 해당 오일 5방울을 떨어뜨려 목욕한다.

5 구역질, 숙취, 복부가스

구역질

신선하게 하고 긴장을 이완시켜 주는 작용으로 위장과 기분을 진정시키고 구역질과 두통을 감소시켜 준다(진저, 라벤더, 페퍼민트 등).

숙취

진정작용으로 통증을 감소시키고 기분을 고양시켜 준다(재스민, 라벤더, 페퍼민트, 로즈, 로즈메리, 샌들우드).

복부가스

항경련작용으로 복부를 진정시켜 준다(페퍼민트, 로만 캐모마일).

통증(근, 골격) 관리와 아로마테라피 (Pain management & Aromatherapy)

1 요통

가장 흔한 요통의 원인은 근육 또는 인대의 작은 긴장에 있다. 요통은 요부를 형성하는 피하조직, 배근막, 인대, 척추관절, 추간판, 척수 등 어느 것에서나 이상이 생겨 허리부분에 나타나는 통증을 말한다.

아로마테라피 적용법

에센셜 오일(Essential oil)

- 카유푸티, 캐럿시드, 시나몬 바크, 저먼 캐모마일, 유칼립투스, 진저, 주니퍼 베리, 로즈메리, 레몬, 타임, 페퍼민트, 클로브버드
  - –진통 : 카유푸티, 클로브버드, 시나몬 바크, 진저
  - –항염증 : 저먼 캐모마일, 클로브버드, 진저
  - –순환자극 : 주니퍼 베리, 유칼립투스, 레몬, 로즈메리

적용방법

- 마사지 : 로만 캐모마일(2방울), 페퍼민트(3방울), 로즈메리(4방울)에 캐리어 오일(15mL)을 혼합해 등, 허리에 마사지해 준다.
- 습포법 : 로즈메리(3방울), 클로브버드(1방울), 유칼립투스(3방울)를 떨어뜨려 습포한다.

2 관절염

'관절염'이란 용어는 관절의 염증을 의미한다. 여기에는 관절염의 여러 가지 다른 유형이 있다. 관절염이란 뼈와 뼈마디를 연결하여 매끈하게 움직이게 하는 물렁뼈가 소실되는 것을 말하며, 퇴행성관절염, 류머티즘관절염, 외사성관절염 등 여러 종류가 있다. 비만인 경우나 쪼그려 앉아 일을 많이 하는 사람, 골다공증이 있는 사람, 음주나 흡연을 과다하게 하는 사람들은 조심해야 한다.

아로마테라피 적용법

에센셜 오일(Essential oil)

- 블랙페퍼, 카유푸티, 캐럿시드, 시나몬 바크, 저먼 캐모마일, 유칼립투스, 진저, 만다린, 페티그레인, 주니퍼 베리, 제라늄, 레몬
  - 진통 : 카유푸티, 클로브버드, 시나몬 리프, 진저, 마저럼
  - 항염증 : 저먼 캐모마일, 클로브버드, 진저
  - 류머티즘성 관절염 : 페퍼민트, 유칼립투스, 라벤더, 로만 캐모마일, 로즈메리
  - 골관절염 : 진저, 바질, 유칼립투스, 타임, 레몬
  - 순환자극 : 주니퍼 베리, 유칼립투스, 레몬, 로즈메리

적용방법

- 마사지 : 라벤더(7방울), 페퍼민트(5방울), 타임(6방울)에 캐리어 오일 선플라워 오일(30mL)을 혼합해 마사지해 준다.
- 흡입법 : 손수건에 주니퍼 베리 3방울을 떨어뜨려 흡입한다.
- 목욕법 : 라벤더(4방울), 로즈메리(4방울), 유칼립투스(6방울)를 떨어뜨려 목욕한다. 통증이 심하면 로만 캐모마일이나 카유푸티 2방울을 더 추가해서 사용한다.

3 좌골신경

좌골신경통이란 허리에서부터 엉덩이와 다리의 후, 측면부를 따라 퍼져 내려가거나 혹은 올라가는 통증을 총칭한다. 좌골신경통이 매우 심할 때는 마사지는 금하며 해당 오일들을 이용한 냉습포를 해서 통증과 염증을 줄이도록 하면 효과적이다.

아로마테라피 적용법

에센셜 오일(Essential oil)

- 유칼립투스, 카유푸티, 시나몬 바크, 저먼 캐모마일, 진저, 주니퍼 베리, 로즈메리, 라벤더, 타임, 페퍼민트, 클로브버드, 제라늄
  - –진통 : 카유푸티, 클로브버드, 시나몬 바크, 진저
  - –항염증 : 저먼 캐모마일, 클로브버드, 진저
  - –순환자극 : 주니퍼 베리, 유칼립투스, 로즈메리

적용방법

- 마사지 : 제라늄(2방울), 페퍼민트(2방울), 라벤더(4방울)에 캐리어 오일(15mL)을 혼합해 등, 엉덩이, 다리, 발에 마사지해 준다.
- 목욕법 : 제라늄(6방울), 페퍼민트(4방울), 라벤더(8방울)를 떨어뜨려 사용한다.

4 운동 손상

자연요법은 운동 손상을 치료하는 데 기본 방법이며 인체의 안녕을 유지하는데 지구력과 원기, 기술의 제한을 운동을 통해서 극복하도록 한다.

해당 오일들이 근육통을 치유하고 근육이완을 돕는다.

아로마테라피 적용법

에센셜 오일(Essential oil)

- 유칼립투스, 마저럼, 저먼 캐모마일, 진저, 주니퍼 베리, 로즈메리, 라벤더, 레몬그라스

적용방법

- 마사지 : 진저(2방울), 저먼 캐모마일(2방울), 유칼립투스(4방울)에 캐리어 오일(15mL)을 혼합해 전신 또는 가장 많이 사용한 근육들에 마사지해 준다.
- 목욕법 : 진저(2방울), 페퍼민트(1방울), 라벤더(3방울)를 떨어뜨려 사용한다.

5 근육경련

과잉운동으로 인한 근육의 경련성 통증을 말한다. 근육경련이 가장 많이 일어나는 부위는 종아리근육이다.

근육경련은 대체로 과도한 열, 탈수, 전해 소실, 피로, 불충분한 스트레칭 등이 원인이다.

아로마테라피 적용법

에센셜 오일(Essential oil)

- 마저럼, 라벤더, 클라리세이지, 사이프러스, 주니퍼, 로만 캐모마일, 만다린

적용방법

- 마사지 : 마저럼(2방울), 로만 캐모마일(3방울), 만다린(2방울)에 캐리어 오일(15mL)을 혼합해 다리를 마사지해 준다. 경련이 습관적으로 일어나는 경우 캐리어 오일에 해당 정유를 혼합하여 정기적으로 피부에 발라줌으로써 경련을 예방할 수 있다.
- 습포법 : 사이프러스, 주니퍼, 로만 캐모마일, 라벤더 각 1방울을 전신에 온습포를 사용한다.
- 목욕법 : 마저럼(6방울), 로만 캐모마일(6방울), 만다린(3방울)을 떨어뜨려 사용한다.

6 근육통

근육을 과도하게 사용했을 때 발생하는 통증을 말한다. 운동하는 근육에 혈액순환이 부족해지면 근육 내에 산소가 부족해지고 운동으로 만들어진 대사적 산물(수소이온 또는 젖산)이 과잉 축적되어 통증 감각기를 자극하게 되면 근육통증을 일으킨다.

아로마테라피 적용법

에센셜 오일(Essential oil)

- 마저럼, 라벤더, 로즈메리, 주니퍼 베리, 주니퍼, 레몬, 블랙페퍼, 페퍼민트, 하이페리쿰, 유칼립투스, 저먼 캐모마일
  - 급성 통증일 경우 : 유칼립투스, 저먼 캐모마일, 진저, 주니퍼 베리, 라벤더
  - 만성 통증일 경우 : 마저럼, 로즈메리

적용방법

- 마사지 : 주니퍼 베리(2방울), 로만 캐모마일(3방울), 라벤더(3방울) 라벤더(1방울)에 캐리어 오일(15mL)을 혼합해 마사지해 준다. 경련이 습관적으로 일어나는 경우 캐리어 오일에 해당 정유를 혼합하여 정기적으로 피부에 발라줌으로써 경련을 예방할 수 있다.
- 습포법 : 사이프러스, 주니퍼, 로만 캐모마일, 라벤더 각 1방울을 따뜻한 물에 습포용 손수건이나 거즈를 사용해서 온습포를 사용한다.
- 목욕법 : 라벤더(6방울), 로만 캐모마일(6방울), 레몬(3방울)을 떨어뜨려 사용한다.

신경정신계와 아로마테라피(Neuropsychiatry & Aromatherapy)

1 정신적 피로

지나친 걱정과 과로, 나쁜 근무조건, 비타민 결핍, 스트레스와 수 개월 정도의 기간으로 피로감을 호소하는 경우 발생된다.

아로마테라피 적용법

에센셜 오일(Essential oil)

- 로즈메리, 클라리세이지, 주니퍼 베리, 페퍼민트, 만다린, 레몬그라스

적용방법

- 마사지법 : 클라리세이지(3방울), 주니퍼 베리(3방울), 유칼립투스(4방울)에 캐리어 오일(15mL)을 혼합해 어깨, 목 등을 마사지해 준다.
- 흡입법 : 로즈메리(1방울)를 섞어서 흡입한다.
- 목욕법 : 클라리세이지(1방울), 주니퍼 베리(3방울), 로즈메리(2방울)를 떨어뜨려 사용한다.

2 우울증

우울증은 감정의 리듬이 잘못되어 일어나는 병으로서 스트레스로 일시적인 슬픔에서 우울한 감정, 실망감, 고통, 고난, 수면 불규칙, 자살 충동까지 다양한 증세를 보인다. 원인으로서는 생물학적 · 심리적 · 환경 요소들이 복합적으로 우울증의 유발과 관련이 있다. 에센셜 오일은 에너지가 결핍될 때 심신이 되살아나고 행복감을 향상시키고 고양시키는 효과가 있다.

아로마테라피 적용법

에센셜 오일(Essential oil)

- 바질, 베르가모트, 로만 캐모마일, 클라리세이지, 사이프러스, 프랑킨센스, 제라늄, 라벤더, 레몬, 페퍼민트, 저먼 캐모마일, 로즈, 샌들우드, 일랑일랑
  - 정신적인 불안정 : 위의 오일들
  - 피로 : 바질, 사이프러스, 페퍼민트
  - 불면증 : 라벤더, 스위트 마저럼, 네롤리
  - 슬픔 : 프랑킨센스, 만다린, 네롤리, 로즈

적용방법

- 마사지 : 베르가모트(2방울), 일랑일랑(3방울), 라벤더(1방울)에 캐리어 오일(15mL)을 혼합해 두피나 목, 뒤, 어깨 등을 마사지해 준다.
  - 흡입법 : 클라리세이지(4방울), 로즈(2방울)를 섞어서 흡입한다.
  - 목욕법 : 클라리세이지(4방울), 라벤더(4방울), 일랑일랑(4방울)을 떨어뜨려 사용한다.

3 불면증

잠들기 어렵고 잠든 상태를 지속하기 어려운 것 또는 단순히 하루의 긴장을 풀기 어려운 것을 말한다. 불면의 원인으로는 잘못된 수면 습관 때문이 많고, 우울함이나 불안의 증상을 가진 정신적인 문제, 알코올중독증, 천식, 두통, 약물복용 혹은 카페인 다량 섭취에도 일어난다.

아로마테라피 적용법

에센셜 오일(Essential oil)

- 베르가모트, 로만 캐모마일, 라벤더, 레몬, 페퍼민트, 샌들우드, 페티그레인, 발레리안, 오렌지, 일랑일랑, 로즈, 사이프러스, 마저럼
  - –안정, 진정 효과 : 사이프러스, 라벤더, 로만 캐모마일, 베티베르, 그레이프프루트
  - –소화 촉진 : 마저럼, 레몬
  - –숙면 효과 : 주니퍼 베리, 로즈, 일랑일랑, 샌들우드

적용방법

- 마사지 : 베르가모트(2방울), 일랑일랑(3방울), 라벤더(3방울)에 캐리어 오일(15mL)을 혼합해 전신을 마사지해 준다.
- 흡입법 : 라벤더(3방울), 로만 캐모마일(2방울)을 섞어서 흡입한다.
- 목욕법 : 클라리세이지(4방울), 라벤더(4방울), 일랑일랑(4방울)을 떨어뜨려 사용한다.

4 두통

두통은 스트레스, 긴장, 과로, 불안, 알레르기, 이비인후과, 치과질환, 눈의 피로, 호르몬 불균형, 알코올, 커피, 약물이나 담배와 같은 광범위한 요인에 의해 발생하는 흔한 증상이다.

아로마테라피 적용법

에센셜 오일(Essential oil)

- 바질, 페퍼민트, 로만 캐모마일, 라벤더, 마저럼, 로즈, 클라리세이지, 유칼립투스, 베이
  - –통증 해소 : 라벤더, 베이, 로만 캐모마일, 마저럼
  - –부비강 충혈 해소 : 유칼립투스, 페퍼민트
  - –생리로 인한 두통 해소 : 클라리세이지

적용방법

- 마사지 : 라벤더 원액(2방울)을 손가락에 묻혀 관자놀이, 귀 뒤, 목을 눌러 주며 눈에 들어가지 않도록 주의해야 한다. 또는 라벤더(3방울), 유칼립투스(3방울)에 캐리어 오일(10mL)을 혼합해 이마, 귀 뒤, 양쪽 눈가, 어깨, 목 등을 마사지해 준다.
- 흡입법 : 바질(1방울), 라벤더(2방울), 로만 캐모마일(2방울)을 섞어서 흡입한다.
- 목욕법 : 마저럼(4방울), 라벤더(4방울), 로만 캐모마일(2방울)을 떨어뜨려 사용한다.

5 스트레스

스트레스는 오늘날 서구 사회에서 나타나는 중대한 건강문제 중 하나이다.

스트레스는 만병의 원인이며 어떤 병도 스트레스를 동반하는 경우 치료가 어려워진다. 그러므로 적절히 스트레스를 받아들여 슬기롭게 극복하고, 해결함으로써 우리의 육체적 · 정신적 건강을 지켜야 할 것이다.

아로마테라피 적용법

에센셜 오일(Essential oil)

- 네롤리, 제라늄, 로만 캐모마일, 주니퍼 베리, 라벤더, 클라리세이지, 일랑일랑, 펜넬, 로즈 오토, 샌들우드, 오렌지, 그레이프프루트, 프랑킨센스, 마저럼

적용방법

- 마사지 : 라벤더(2방울), 로만 캐모마일(2방울), 샌들우드(3방울)에 캐리어 오일(15mL)을 혼합해 전신을 마사지해 준다.
- 흡입법 : 라벤더(1방울)를 거즈나 손수건에 떨어뜨려 흡입한다.
- 목욕법 : 마저럼(3방울), 라벤더(4방울), 로만 캐모마일 (2방울), 일랑일랑(2방울)을 떨어뜨려 사용한다.

부인과 장애와 아로마테라피(Gynecology obstacle & Aromatherapy)

1 생리 전 증후군

월경 전 증후군은 생리 예정일에서 이틀 내지 14일 전에 나타나는 일련의 신체적 · 심리적 · 행동적 변화이다. 대부분 여성은 월경이 시작되기 수 일 전부터 피로감, 유방통증, 집중력 저하, 두통, 복통, 어지러움, 짜증스러움, 부종 등의 증상이 나타난다.

아로마테라피 적용법

에센셜 오일(Essential oil)

- 로만 캐모마일, 주니퍼 베리, 라벤더, 클라리세이지, 일랑일랑, 스위트 펜넬, 로즈 오토, 샌들우드, 오렌지, 그레이프프루트, 프랑킨센스, 제라늄, 네롤리
  - –생리 정상화 : 클라리세이지
  - –감정고조 : 멜리사, 클라리세이지
  - –정서안정 : 라벤더, 로만 캐모마일, 샌들우드, 로즈 오토
  - –감정조절 : 네롤리, 베르가모트, 재스민, 로즈

적용방법

- 마사지 : 클라리세이지(5방울), 라벤더(2방울), 멜리사(또는 로즈) 1방울에 캐리어 오일(15mL)을 혼합해 전신을 마사지해 준다.
- 흡입법 : 라벤더(1방울), 로만 캐모마일(1방울), 멜리사(1방울)를 혼합해서 1방울을 거즈나 손수건에 떨어뜨려 흡입한다.
- 목욕법 : 로즈(2방울), 라벤더(3방울)를 떨어뜨려 사용한다.

2 생리불순

여성의 생리는 복잡하고 정교한 신체의 상호작용으로 일어난다. 뇌에 있는 시상하부, 뇌하수체, 난소의 기능이 정상적으로 이루어졌을 때 건강한 주기, 양, 빛깔로 생리가 이루어진다. 정신적 스트레스, 지나친 다이어트, 극심한 운동 등으로 인한 일시적 호르몬 불균형이 원인일 경우에는 원래 주기를 회복하기 쉽지만 비만, 다낭성 난소증후군, 갑상선 질환 등에 의한 생리불순일 경우에는 반드시 적절한 치료를 받도록 한다.

아로마테라피 적용법

에센셜 오일(Essential oil)

- 로만 캐모마일, 주니퍼 베리, 라벤더, 클라리세이지, 페퍼민트, 로즈메리
  - 생리 양 조절 : 로만 캐모마일, 멜리사, 로즈
  - 울혈 해소 : 클라리세이지, 페퍼민트, 라벤더

적용방법

- 마사지 : 클라리세이지(2방울), 라벤더(4방울), 멜리사(2방울), 로즈(3방울)를 캐리어 오일(20mL)에 혼합해 등, 다리, 복부에 마사지해 준다.
- 도포법 : 로즈(2방울), 클라리세이지(2방울), 라벤더(2방울), 로만 캐모마일(3방울)을 혼합해 등, 배에 발라 준다.
- 목욕법 : 로즈(4방울), 라벤더(3방울), 로만 캐모마일(4방울), 클라리세이지(2방울)를 떨어뜨려 사용한다.

3 질염

질 점막에 칸디다균이 증식하게 되는 증상으로 냄새나는 하얀 분비물과 가려움을 동반한다. 질염은 원인균에 따라 트리코모나스, 칸디다, 가드넬라 질염 등으로 나눌 수 있다. 질염은 항상 감염에 의하여 야기되는 것은 아니며, 꽉 쪼이는 의류나 통기가 안 되는 옷을 착용한 경우, 경구용 피임제 복용, 폐경, 당뇨병에 의해서도 발생할 수 있다.

아로마테라피 적용법

에센셜 오일(Essential oil)

- 티트리, 프랑킨센스, 주니퍼 베리, 라벤더, 클라리세이지, 유칼립투스, 샌들우드

적용방법

- 도포법 : 프랑킨센스(2방울), 라벤더(2방울)를 혼합해 질 바깥 부위에 바르면 곰팡이 살균 효과가 있다. 또는 주니퍼 베리(2방울), 유칼립투스(2방울), 샌들우드(2방울)를 캐리어 오일(15mL)에 혼합해 방광 겉 부위에 하루 2~3번씩 바른다.
- 목욕법 : 티트리(2방울), 프랑킨센스(1방울)를 따뜻한 물에 풀어 10분 이상 뒷물을 하거나 떨어뜨려 사용한다. 주니퍼 베리(2방울), 유칼립투스(2방울), 샌들우드(2방울)를 혼합해서 2~3방울을 따뜻한 물에 떨어뜨려 10분 정도 좌욕을 한다.

* 일반적인 질염

- 티트리(3방울), 라벤더(1방울), 니아올리(1방울)를 혼합해 그 중 2방울을 탐폰에 묻혀 질 속에 넣거나 전신욕 · 좌욕 등을 한다.

4 폐경기 장애

폐경이란 단어는 주기적인 월경 출혈의 끝을 의미하며 이 증상은 보통 50대에 접어들면 나타나지만 정상적인 범위는 45세에서 55세까지 다양하다. 가장 흔한 증상은 홍분, 불면증, 우울증, 가려움증, 얼굴 홍조 등이며 스트레스로 인해 악화될 수 있다.

아로마테라피 적용법

에센셜 오일(Essential oil)

- 베르가모트, 저먼 캐모마일, 로만 캐모마일, 클라리세이지, 샌들우드, 레몬, 페퍼민트, 파인, 페티그레인, 라벤더
  - –호르몬 조절 : 로즈, 로만 캐모마일, 멜리사, 펜넬
  - –안면 홍조 : 클라리세이지, 샌들우드, 페퍼민트
  - –감정고조 : 레몬, 베르가모트

적용방법

- 마사지법 : 페티그레인(3방울), 사이프러스(2방울), 로즈(1방울), 샌들우드(2방울)를 캐리어 오일(15mL)에 혼합해 전신 마사지해 준다.
- 흡입법 : 페퍼민트(1방울)를 거즈에 떨어뜨려 흡입한다.
- 목욕법 : 해당 오일 5방울을 목욕물에 혼합해서 사용한다.

5 여성 냉증

몸의 일정 부위 또는 온몸이 차고 시리고 쉽게 피로하고 추위에 민감한 반응을 보여 정상생활을 할 수 없는 경우를 말한다. 냉증 장애나 병의 대부분은 마음과 습관의 문제가 크게 영향을 미치는데, 그 결과 영양부족, 빈혈, 저혈압, 자율신경조절 등이 되어 냉증으로 되는 일이 있다.

아로마테라피 적용법

에센셜 오일(Essential oil)

- 클라리세이지, 주니퍼 베리, 타임, 로즈메리, 블랙페퍼, 레몬, 진저

적용방법

- 마사지법 : 클라리세이지(3방울), 주니퍼 베리(2방울), 타임(2방울)을 캐리어 오일(15mL)에 혼합해 하복부를 마사지한다.
- 목욕법 : 레몬(10방울), 블랙페퍼(5방울), 타임(5방울)을 더운물에 떨어뜨려 부분 목욕을 한다.
- 좌욕법 : 클라리세이지(3방울), 주니퍼 베리(2방울), 타임(2방울)을 따뜻한 물에 떨어뜨려 좌욕을 한다.

6 방광염

방광염은 주로 일부 박테리아에 의해 발생하는 방광의 감염이다. 대체로 85%의 요로 감염이 일반적으로 장에 있는 대장균에 의해 발생한다. 방광염의 증상에는 빈뇨증, 소변 중 쓰라림과 통증 및 소변의 강한 악취가 포함되며, 위산과다증과 스트레스도 방광염 감염을 가속시킬 수 있다.

아로마테라피 적용법

에센셜 오일(Essential oil)

- 베르가모트, 티트리, 프랑킨센스, 라벤더, 저먼 캐모마일, 샌들우드

적용방법

- 마사지 : 베르가모트(3방울), 티트리(3방울), 저먼 캐모마일(3방울), 샌들우드(3방울)를 캐리어 오일(20mL)에 혼합해 복부에 마사지해 준다.
- 목욕법 : 티트리(2방울), 베르가모트(1방울)를 따뜻한 물에 풀어 10분 이상 뒷물을 하거나 떨어뜨려 사용한다.

표 6-1 피부 증상별 오일 처방 예

피부 유형	정유의 블렌딩(예)	캐리어 오일
정상 피부	① 라벤더, 재스민, 제라늄	일반 캐리어 오일
건성 피부	① 샌들우드, 로즈, 제라늄 ② 파촐리, 팔마로사, 제라늄 ③ 일랑일랑, 샌들우드, 주니퍼, 로즈메리	휘트점 오일, 아몬드 오일, 이브닝프라임 로즈 오일, 아보카도 오일, 보리지 오일
지성 피부	① 레몬, 사이프러스, 주니퍼 ② 일랑일랑, 주니퍼 베리, 오렌지, 라벤더	그레이프 시드 오일, 호호바 오일, 선플라워 오일
노화 피부	① 라벤더, 프랑킨센스, 로즈 ② 팔마로사, 프랑킨센스, 라벤더, 로즈	휘트점 오일, 아몬드 오일, 아보카도 오일
민감 피부	① 라벤더, 캐모마일, 마저럼	아몬드 오일, 호호바 오일
모세혈관 확장피부	① 캐모마일, 라벤더, 레몬, 로즈우드	아몬드 오일
붉은 피부	① 파촐리, 제라늄, 사이프러스	아몬드 오일
여드름	① 베르가모트, 사이프러스 ② 레몬그라스, 라벤더, 클라리세이지, 타임 ③ 레몬, 티트리, 베르가모트, 주니퍼	호호바 오일
기미	① 네롤리, 레몬 ② 레몬, 그레이프프루트, 라벤더	아몬드 오일

표 6-2 손톱관리 증상별 오일 처방 예

피부 유형	정유의 블랜딩	캐리어 오일
손톱 갈라진 데	① 레몬, 양파 오일	호호바 오일
손톱관리	① 사이프러스, 라벤더, 샌들우드	호호바 오일
건성 두피	① 로즈우드, 제라늄, 샌들우드, 라벤더 ② 라벤더, 제라늄, 샌들우드	호호바 오일, 아몬드 오일, 아보카도 오일
지성 두피	① 시더우드, 로즈메리, 레몬 ② 베르가모트, 라벤더	호호바 오일, 그레이프 시드 오일
비듬	① 유칼립투스, 로즈메리 ② 주니퍼 베리, 시더우드, 로즈메리	호호바 오일
탈모	① 시더우드, 주니퍼, 세이지, 티트리 ② 라벤더, 클라리세이지, 시더우드, 로즈메리	호호바 오일

표 6-3 바디 증상별 오일 처방 예

피부 유형	정유의 블랜딩	캐리어 오일
비만	① 로즈메리, 제라늄, 펜넬, 레몬 ② 사이프러스, 제라늄, 로즈메리, 바질 ③ 사이프러스, 주니퍼, 펜넬, 라벤더	호호바 오일
튼살	① 그레이프프루트, 라벤더 ② 라벤더, 오렌지 ③ 로즈메리, 페퍼민트, 오렌지	호호바 오일
모공각화증(닭살)	① 레몬, 사이프러스, 일랑일랑 ② 캐모마일, 로즈메리, 주니퍼, 라벤더	호호바 오일
근육통	① 라벤더, 로즈메리, 주니퍼 ② 라벤더, 로즈메리, 유칼립투스, 일랑일랑 ③ 유칼립투스, 페퍼민트, 타임, 로즈메리, 레몬	일반 캐리어 오일
근육이완	① 제라늄, 라벤더, 마저럼 ② 로즈메리, 제라늄, 사이프러스, 주니퍼	일반 캐리어 오일
발관리	① 페퍼민트, 사이프러스, 클라리세이지 ② 레몬, 티트리 ③ 페퍼민트, 레몬, 티트리, 클라리세이지	일반 캐리어 오일
손관리	① 타임, 로즈메리, 페퍼민트, 라벤더	일반 캐리어 오일
정맥류	① 제라늄, 사이프러스	일반 캐리어 오일
변비	① 마저럼, 로즈우드	일반 캐리어 오일
화상	① 라벤더	정유원액 직접 도포
무좀, 벌레 물린 데	① 라벤더, 티트리	정유원액 직접 도포
소화불량성 속쓰림	① 레몬, 페퍼민트, 샌들우드	일반 캐리어 오일

표 6-4 건강관리 증상별 오일 처방 예

사용 목적	정유의 블랜딩
감기	① 페퍼민트, 유칼립투스 ② 라벤더, 유칼립투스, 타임
활력회복	① 페퍼민트, 유칼립투스, 레몬그라스
호흡 원활	① 로즈메리, 유칼립투스, 페퍼민트, 그레이프프루트
스트레스 감소	① 라벤더, 레몬 ② 라벤더, 로만 캐모마일, 샌들우드, 일랑일랑
최음	① 샌들우드, 일랑일랑, 오렌지
우울증	① 일랑일랑, 베르가모트, 클라리세이지 ② 라벤더, 제라늄, 캐모마일
치질예방	① 사이프러스, 프랑킨센스, 주니퍼
멀미	① 베르가모트, 라벤더, 펜넬, 진저
숙취	① 로즈메리, 주니퍼
불면증	① 마저럼, 라벤더 ② 베르가모트, 라벤더, 로만 캐모마일 ③ 라벤더, 일랑일랑, 로만 캐모마일

Aromatherapy

부록
Chapter 1

한국 마사지 관리 프로그램

얼굴 관리

1 치유

여드름, 부종, 근육통, 노화, 색소침착, 예민 피부, 이중턱 관리 등

2 관리 순서

① 쉽게 경직되고 뭉치는 어깨라인과 목을 부드럽게 풀어 주어 온몸의 근육과 신경을 이완시켜 준다.
② 얼굴 근육 하나하나를 부드럽고 깊게 풀어 준다.
③ 머리 선을 따라 정성의 손길로 꾹꾹 눌러 주고 두피 마사지로 혈액순환까지 촉진해 더욱 건강하고 아름다운 피부로 가꾸어 준다.

3 사용 오일

천연 에센셜 오일이 피부의 진피세포층과 피하조직까지 흡수되어 건강하고 아름다운 피부로 가꾸어 준다.

- 1단계 : 로즈 힙 페이셜 오일, 세인트 존스 워트 오일+사해솔트+사해머드
- 2단계 : 뷰티익스트랙트(건성, 지성, 예민, 노화 등 피부 타입별 선택) 마사지
- 3단계 : 아로마 에센스+팩

복부 관리

1 치유

복부 비만, 복통, 소화불량, 변비, 생식기 질환 등

2 관리 순서

① 복부의 문제점을 체크해 음양에 따른 아로마 오일로 점마사지를 해준다.

② 복부를 부드럽게 쓰다듬으며 긴장감을 해소하고 편안한 기분을 선사해 준다.

③ 고객의 호흡에 따라 복부를 정성스럽게 마사지해줌으로써 장기를 건강하게 해주고 뱃살까지 관리해 준다.

④ 마무리 단계로 다시 복부를 부드럽게 쓰다듬기를 반복함으로써 우리 몸의 불균형과 트러블을 해소하고 몸과 마음의 균형을 조화롭게 해준다.

3 사용 오일

천연 에센셜 오일이 피부의 진피세포층과 피하조직까지 흡수되어 건강하고 아름다운 피부로 가꾸어 준다.

- 1단계 : 헤이즐넛 캐리어 오일+사해솔트+사해머드
- 2단계 : 바디스컬프터 or 웨이트로스 바디오일 or 셀룰라이트 바디오일 마사지

등 관리

1 치유

경통, 요통, 오십견, 늑간 신경통 등

2 관리 순서

① 등 부위의 문제점을 체크하고 음양에 따른 아로마 오일로 점마사지를 해준다.

② 등을 전체적으로 부드럽게 쓰다듬어 주면서 긴장감을 해소하고 편안한 기분을 선사해 준다.

③ 척추 옆 근육과 경직된 목과 어깨 근육을 부드럽고 깊게 풀어 준다.

④ 한국마사지는 깊숙이 뭉쳐 있는 근육을 이완시키고 체내에 쌓인 독소를 배출하는 데 매우 탁월해 몸과 마음의 균형을 조화롭게 해준다.

3 사용 오일

천연 에센셜 오일이 피부의 진피세포층과 피하조직까지 흡수되어 건강하고 아름다운 피부로 가꾸어 준다.

- 1단계 : 아몬드 캐리어 오일+사해솔트+사해머드
- 2단계 : 상부–라벤더 바디오일, 안티스트레스 바디오일 마사지
  하부–클레오파트라 바디오일, 카로쥬 바디오일 마사지

하체 관리

1 치유

하체 비만, 정맥류, 힙업, 좌골신경통, 슬통, 다리 저림, 부종, 무좀 등

2 관리 순서

① 하체 부위의 문제점을 체크하고 음양에 따른 아로마 오일로 점마사지를 해준다.

② 발목부터 힙까지 부드럽게 쓰다듬으며 긴장감을 해소하고 편안한 기분을 선사한다.

③ 하체 근육을 천천히 깊게 풀어 준다.

④ 발등과 발가락까지 꼼꼼하게 풀어 줌으로써 하체에 쌓인 노폐물을 배출하고 지방을 분해해 매끈하고 탄력 있는 하체로 가꾸어 준다.

3 사용 오일

천연 에센셜 오일이 피부의 진피세포층과 피하조직까지 흡수되어 건강하고 아름다운 피부로 가꾸어 준다.

- 1단계 : 아몬드 or 헤이즐넛+사해솔트+사해머드
- 2단계 : 바디스컬프터 or 컴포트레그 or 헬시피트 or 로즈메리 바디오일 마사지

가슴 관리

1 치유

가슴 탄력 및 축소, 볼륨 업, 흉부팽만, 부종, 유방통, 스트레스 관리 등

2 관리 순서

① 가슴 부위의 문제점을 체크하고 음양에 따른 아로마 오일로 점마사지를 해준다.

② 호르몬 균형 관리로 지방은 분해하고 수분과 산소는 충분히 공급함으로써 탄력 넘치는 아름다운 가슴을 만들어 준다.

③ 수술 전 가슴 관리를 받음으로써 보형물이 예쁜 모양으로 자리 잡을 수 있도록 도와 준다. 수술 후에는 경직된 대흉근을 풀어 주어 통증을 해소하고, 아름다운 가슴 선을 만들 수 있다.

3 사용 오일

천연 에센셜 오일이 피부의 진피세포층과 피하조직까지 흡수되어 건강하고 아름다운 피부로 가꾸어 준다.

- 1단계 : 아몬드+사해솔트+사해머드
- 2단계 : 바스트 퍼밍 바디오일 or 바스트 볼륨 바디오일

어깨 / 팔 관리

1 치유

오십견, 견관절 통, 주관절 통, 손목 통, 손가락 통, 팔 저림 등

2 관리 순서

① 어깨에서 팔 그리고 손 부위의 문제점을 체크하고 음양에 따른 아로마 오일로 점마사지를 해준다.
② 상지(어깨, 팔, 손)를 전체적으로 눌러 준 후 어깨부터 손끝까지 근육을 정성스럽게 풀어 주어 지방층의 셀룰라이트를 제거하고 혈액순환을 촉진한다.
③ 유해환경과 스트레스 등으로 깊숙이 뭉쳐 있는 근육을 이완시키고 무기력증과 통증까지 말끔히 해소해 준다.

3 사용 오일

천연 에센셜 오일이 피부의 진피세포층과 피하조직까지 흡수되어 건강하고 아름다운 피부로 가꾸어 준다.

- 1단계 : 아몬드+사해솔트+사해머드
- 2단계 : 바스트 퍼밍 바디오일 or 바스트 볼륨 바디오일

두피 관리

1 치유

두통, 스트레스성 원형 탈모, 가는 머릿결, 비듬, 경통 등

2 관리 순서

① 두피의 문제점을 체크하고 음양에 따른 아로마 오일로 점마사지를 해준다.

② 경직된 목 근육과 머리 근육을 천천히 깊게 풀어 주고 혈점을 지그시 눌러 준다.

③ 목 주변 근육부터 풀어 주는 두피 치유법은 기혈 순환을 도와 탈모와 비듬을 예방하고 개선해 준다. 또한, 영양과 수분을 충분히 공급해 건강한 모발을 만들어 준다.

3 사용 오일

천연 에센셜 오일이 피부의 진피세포층과 피하조직까지 흡수되어 건강하고 아름다운 피부로 가꾸어 준다.

- 1단계 : 아몬드+사해솔트+사해머드
- 2단계 : 헤어 오일(지성/비듬, 건성/비듬, 탈모/힘 없는 모발, 손상 모발 등 타입별 선택) 마사지

머드테라피

1 치유

피부탄력과 보습, 순환촉진, 비만관리 등

2 관리 순서

① 적용 부위의 문제점을 체크하고 음양에 따른 에센셜 오일로 점마사지를 한 후 사해솔트로 부드럽게 문질러 준다.

② 해조류 성분이 풍부한 사해머드를 적용 부위에 고르게 펴 바르는데, 피부 표면의 정화뿐 아니라 피부 깊숙이 쌓여 있는 노폐물과 독소 배출을 촉진시켜 준다.

③ 약 20분간 랩핑한 후 사해머드를 깨끗이 닦아내면 보습, 탄력, 미백 등의 효과를 바로 눈으로 확인할 수 있다. 특히 비만관리에 매우 탁월하다.

3 사용 오일

천연 에센셜 오일이 피부의 진피세포층과 피하조직까지 흡수되어 건강하고 아름다운 피부로 가꾸어 준다.

- 1단계 : 에센셜 오일+사해솔트
- 2단계 : 사해머드 랩핑

임산부 관리

1 치유

튼살 예방, 태아 건강 등

2 관리 순서

① 바로 눕거나 옆으로 누운 자세에서 퀸 오브 헝가리 워터로 피부를 맑게 세정한다.

② 임신 4~5개월 전부터 바디 스트레치 스토퍼 오일로 마사지함으로써 피부의 탄력섬유를 튼튼하게 해주어 튼살을 예방한다.

③ 태아의 정신 건강까지 아름답게 해준다.

3 사용 오일

천연 에센셜 오일이 피부의 진피세포층과 피하조직까지 흡수되어 건강하고 아름다운 피부로 가꾸어 준다.

- 1단계 : 에센셜 오일+사해솔트
- 2단계 : 사해머드 랩핑

신랑 · 신부 관리

1 치유

피부 트러블, 칙칙해진 얼굴 등

2 관리 순서

① 피부 타입을 파악한 후 한국 마사지 얼굴 치유법으로 관리해 준다.
② 예비 신랑 · 신부님의 피부 트러블이나 칙칙해진 얼굴을 100% 천연 아로마 오일로 건강하고 투명하게 가꾸어 준다.

3 사용 오일

천연 에센셜 오일이 피부의 진피세포층과 피하조직까지 흡수되어 건강하고 아름다운 피부로 가꾸어 준다.

- 1단계 : 로즈 힙 페이셜 오일, 세인트 존스 워트 오일+사해솔트+사해머드
- 2단계 : 뷰티익스트랙트(건성, 지성, 예민, 노화 등 피부 타입별 선택) 마사지
- 3단계 : 특수 리프팅 마스크

드레스 라인 관리

1 치유

어깨 근육 경직, 어깨라인 불균형, 팔뚝 비만, 복부 비만 등

2 관리 순서

① 신부님이 필요로 하는 관리에 따라 한국 마사지 어깨 · 팔치유법이나 복부치유법으로 관리해 준다.

② 신부님의 경직되거나 굽은 어깨의 균형을 맞추고 팔과 복부에 숨겨진 살들을 날씬하게 관리해 아름다운 드레스 라인을 완성해 준다.

3 사용 오일

천연 에센셜 오일이 피부의 진피세포층과 피하조직까지 흡수되어 건강하고 아름다운 피부로 가꾸어 준다.

어깨라인 관리 시

- 1단계 : 아몬드+사해솔트+사해머드
- 2단계 : 라벤더 바디오일 or 로즈메리 바디오일 or 웨이트로스 or 안티스트레스 바디오일+핸드 네일

복부 관리 시

- 1단계 : 헤이즐넛 캐리어 오일+사해솔트+사해머드
- 2단계 : 바디스컬프터 or 웨이트로스 바디오일 or 셀룰라이트 바디오일 마사지

✚ 한국 마사지 창시자 : 김연호 박사

La Fleur

Aromatherapy

부록
Chapter 2

피부가 좋아하는
내추럴 천연화장품 만들기

화장품, 방부제, 화학약품이 문제로 화장품을 바르려면 자연 성분으로 만들어서 사용한다. 천연화장품은 화학약품이나 방부제를 사용하지 않고 천연재료를 이용하기 때문에 피부에 부담을 주지 않을 뿐만 아니라 환경오염도 적다. 석면 파우더 파동 등 최근 화장품의 유해성 논란이 확산되어 천연 성분을 이용해 직접 만들어 사용하는 경우가 늘고 있다.

천연화장품은 자신의 피부에 맞게 직접 만들어 쓸 수 있어 가장 좋은 맞춤형 화장품이다.

클렌저

1 다시마 곡물 클렌저

(1) 재료 : 불린 다시마 15g, 곡물가루 1/2큰술, 우유

(2) 만들기

① 다시마 가루와 곡물가루를 그릇에 담고 우유를 넣어 걸쭉하게 만든다.

② 가볍게 물을 묻힌 얼굴에 마사지하듯 문질러 세안한다.

(3) 적용 피부 : 모든 피부

(4) 효과 : 모공수축, 각질 제거, 잔주름 예방

2 감초물 딥 클렌저

(1) 재료 : 잘 말린 감초, 밀가루, 꿀

(2) 만들기

① 감초를 뜨거운 물에 끓여서 우려낸다.

② 여기에 밀가루와 꿀을 섞는다.

③ 세안한 얼굴에 골고루 펴 바른다.

④ 20분 후 미지근한 물로 세안한다.

(3) 적용 피부 : 건성, 민감성, 기미, 여드름

(4) 효과 : 모공 청소, 환절기 피부 보습, 미백, 항균, 소염, 진정 효과

각질 제거

1 사과 스크럽

(1) **재료 :** 사과 150g, 레몬즙 1작은술, 달걀흰자 10g

(2) **만들기**

① 사과는 껍질을 벗기고 잘게 썬 뒤 레몬즙과 달걀흰자를 섞어 믹서에 곱게 간다.

② 손으로 만져보아 거친 입자가 없으면 완성된 것이다.

③ 사과 스크럽제를 바르고 10분 후 물을 묻혀 가볍게 마사지한다.

(3) **적용 피부 :** 지성 피부

(4) **효과 :** 피지 제거

2 율피 스크럽

(1) **재료 :** 율피가루, 꿀 적당량

(2) **만들기**

① 율피가루와 꿀을 적당량 섞는다.

② 둥글게 환으로 만든다.

③ 저녁에 바르고 자거나, 얼굴에 바른 후 10분이 지난 후 제거한다.

(3) **적용 피부 :** 건성, 노화 피부

(4) **효과 :** 각질 제거, 안색 정화, 윤기 부여

3 소금 스크럽

(1) 재료 : 우유 1/2컵, 미용소금 또는 죽염 1/4컵

(2) 만들기

① 미지근하게 데운 우유 반 컵에 미용소금이나 죽염을 넣고 완전히 녹인다.

② 피지가 많은 콧등, T존 부위에 마사지한다.

(3) 적용 피부 : 모든 피부에 가능(특히 지성 · 여드름 피부에 효과적)

(4) 효과 : 살균, 피지 제거

4 밀가루 · 우유 각질 팩

(1) 재료 : 밀가루, 우유

(2) 만들기

① 얼굴에 붙어 흐르지 않을 정도의 점성이 생길 만큼 밀가루와 우유를 섞어 반죽한다.

② 얼굴에 골고루 바른 다음 10~15분 후에 미지근한 물로 세안한다.

(3) 적용 피부 : 지친 피부

(4) 효과 : 각질 제거, 보습

화장수

1 브로콜리 화장수

(1) **재료** : 브로콜리 , 샐러리, 정제수

(2) **만들기**

① 위의 재료를 믹서에 갈아 즙을 낸다.

② 거즈나 여과지에 걸러 냉장고에 보관한다.

(3) **적용 피부** : 모든 피부

(4) **효과** : 보습, 노화 방지

2 녹차 화장수

(1) **재료** : 녹차가루 3g, 청주 400mL, 유자 2개

(2) **만들기**

① 중탕으로 데운 청주를 다시 식힌다.

② 유자는 껍질째 채를 썰어 넣고, ①과 함께 섞어 소독한 유리용기에 담아 밀폐시킨다.

③ 그 상태로 서늘한 곳에 한 달 동안 보관한 후 사용한다.

(3) **적용 피부** : 지성 피부

(4) **효과** : 피지 조절 및 미백, 각질 제거

3 아로마 로즈 스킨

(1) 재료 : 올리브 리퀴드, 로즈 앱솔루트, 만다린, 정제수, 글리세린, 아카시아 콜라겐

(2) 만들기

① 비커에 올리브 리퀴드를 1g 계량한다.

*올리브 리퀴드는 가용화제로 물과 오일이 분리되지 않도록 한다.

② ①에 로즈 앱솔루트 에센셜 오일 2방울, 만다린 에센셜 오일 6방울을 떨어뜨려 잘 저어 준다.

③ ②에 정제수 90mL를 천천히 나누어 부으면서 잘 저어 준다.

④ 새 비커에 식물성 글리세린 5g을 계량한 뒤 아카시아 콜라겐 5g을 이어서 계량한다.

*식물성 글리세린은 보습 기능이 있으며, 아카시아 콜라겐은 피부 재생과 노화 방지 효과가 있다.

⑤ ③에 ④를 천천히 부우면서 저어 준다.

⑥ 에탄올로 소독한 스킨 용기에 담는다.

(3) 적용 피부 : 건성, 노화 피부

(4) 효과 : 로즈 오일의 피부 보습, 주름, 노화 방지 효과

영양크림

1 바나나 영양크림

(1) **재료** : 으깬 바나나 1큰술, 해초가루 1작은술, 꿀 1작은술

(2) **만들기**

① 해초가루는 정제수에 섞어 걸쭉하게 만든다.

② ①의 재료에 으깬 바나나와 꿀을 섞는다.

③ 얼굴에 골고루 펴 바른 다음 1분 후에 남은 여분은 티슈로 닦아낸다.

(3) **적용 피부** : 건성, 노화 피부

(4) **효과** : 피부 보습, 주름, 노화 방지 효과

팩

1 건성 피부용

- 바나나(1/2개), 달걀노른자, 영양크림(1/2티스푼)
- 살구씨(3큰술), 달걀노른자, 꿀(1작은술)

(1) 바나나 팩

① 재료 : 바나나, 밀가루

② 만들기

*으깬 바나나에 밀가루를 섞어 팩으로 만든다.

③ 피부 타입 : 거칠어지고 푸석푸석한 피부

④ 효과 : 윤기 부여, 미백

(2) 해초 팩

① 재료 : 해초가루, 증류수

② 만들기

*해초가루에 증류수를 붓고, 잘 저어 준다.

*해초는 물에 빨리 풀어지지 않으므로 미리 준비해 둔다.

③ 적용 피부 : 건성 피부, 예민 피부

④ 효과 : 수분 공급, 예민 완화

2 노화 피부용

(1) 마 · 살구씨 팩

① 재료 : 마, 도라지, 살구씨 가루, 녹두가루, 현미가루

② 만들기

*마와 도라지는 믹서에 곱게 간다.

*여기에 녹두, 현미, 살구씨를 섞는다.

③ 적용 피부 : 모든 피부

④ 효과 : 피부 탄력, 재생

(2) 율피 팩

① 재료 : 율피가루, 달걀노른자, 꿀

② 만들기

*율피가루에 달걀노른자, 꿀 1티스푼을 넣는다.

*20분 후에 닦아낸다.

③ 적용 피부 : 지성 · 여드름 피부, 노화 피부

④ 효과 : 기미 제거, 탄력 증진

(3) 그 외

① 살구씨 팩(잔주름 제거, 피부에 탄력, 맑고 윤기 있게)

② 감초 팩(진정 작용, 세포재생효과, 알레르기 피부)

3 여드름 피부

• 해초, 상백피, 약쑥, 감초 적당량

• 쑥(2큰술), 박하(1큰술), 밀가루나 율무가루

(1) 쑥가루 팩

① 재료 : 애엽(쑥가루), 알긴산

② 만들기

*알긴산을 정제수와 섞어 걸쭉하게 만든다.

*애엽과 알긴산을 1 : 1의 비율로 섞는다.

*15~20분 후에 팩을 떼어내고 깨끗이 씻는다.

③ 적용 피부 : 지성 피부

④ 효과 : 피지분비조절, 여드름 진정

(2) 살구씨 팩

① 재료 : 살구씨 가루, 달걀흰자

② 만들기

*살구씨 가루와 달걀흰자를 골고루 섞는다.

*잠자기 전에 바르고, 15~20분 후 제거한다.

③ 적용 피부 : 지성 · 여드름 피부

④ 효과 : 여드름 제거

(3) 포도즙 팩

① 재료 : 녹두가루, 포도즙

② 만들기

*녹두가루를 포도즙과 잘 섞어 골고루 바른다.

③ 적용 피부 : 예민성 여드름 피부, 알레르기 피부

④ 효과 : 여드름(자극) 완화

(4) 현미가루 팩

① 재료 : 현미가루, 포도즙 혹은 야채즙

② 만들기

*위의 재료를 섞어 팩으로 사용한다.

*포도즙, 수세미즙, 다른 야채즙도 효과적이다.

③ 적용 피부 : 지성 · 여드름 피부

④ 효과 : 화장독으로 손상된 피부 진정 효과, 여드름 진정 효과

(5) 그 외

① 녹두 팩(여드름, 진정 및 피부살균작용, 지성 피부)

② 송진 팩(모공 수축, 염증 제거 여드름 흉터 제거에 효과적)

4 기미 피부용

- 해초, 백강잠, 백봉령, 흑축, 감초와 물, 오이즙, 달걀흰자 중 택1
- 흑축(1/3티스푼), 감초(1큰술), 백봉령(1큰술), 해초가루 적당량

(1) 상백피 팩

① 재료 : 상백피 가루, 달걀흰자, 청주 약간

② 만들기

*위의 재료를 섞어서 젤 상태로 만든다.

*향부자와 같이 섞어도 좋다.

*20분 후에 미지근한 물로 제거한다.

③ 피부 타입 : 모든 피부

④ 효과 : 미백

(2) 그 외

① 율무 팩(기미, 잡티를 없애 주고, 미백 효과)

② 백봉령 팩(혈액순환촉진, 기미 · 노화 피부에 미백 효과)

③ 백강잠 팩(기미 주근깨, 노화 피부와 미백 효과에 탁월)

④ 감자 팩(햇볕에 그을린 피부의 진정 및 미백 효과)

⑤ 녹차 팩(기미 · 진정 모발 윤기 탈모 방지)

녹두 · 비타민 E 비누 만들기

녹두는 피부의 독을 빼주고 열을 가라앉히며 비타민 E는 피부를 매끄럽고 윤기 있게 가꾸어 준다.

녹두 · 비타민 E 비누는 지성 피부에 특히 유효하며 모든 피부 사용이 가능하다.

① 바오밥 비누 베이스를 네모로 썰기 하여 내열 용기에 1L를 계량하여 넣고 핫플레이트에서 녹인다.

② 비커에 녹두 분말 40g을 넣고 식물성 글리세린 60g을 넣어 분말을 잘 개어 준다. 녹인 비누 베이스에 녹두 분말을 그냥 넣으면 덩어리가 잘 풀어지지 않으므로 따로 글리세린에 먼저 개어 놓는 것이 좋다.

③ 비누 베이스가 잘 녹으면 ②를 부어 잘 섞이도록 저어 준다.

④ ③에 비타민 E 10g을 계량하여 넣는다.

⑤ ③에 그레이프프루트 에센셜 오일 16mL(약 3티스푼)를 넣어 준 뒤 잘 저어 준다.

*그레이프프루트 에센셜 오일은 항균 및 해독 기능이 있다.

⑥ 비누틀에 붓는다. 표면에 기포가 생기면 에탄올 스프레이를 뿌려 기포를 제거한다.

⑦ 식으면 틀에서 빼어 예쁘게 포장한다.

아로마 헤어컨디셔너, 헤어린스 만들기

1 아로마 헤어컨디셔너

(1) 재료 : 샌들우드, 제라늄, 재스민, 호호바 오일, 아보카도 오일

(2) 만들기

① 에센셜 오일을 선택한다.

② 샌들우드(3방울) + 제라늄(2방울) + 재스민(1방울)

③ 캐리어 오일인 호호바 오일, 아보카도 오일 10mL을 혼합한다.

(3) 효과 : 모발을 개선시키고 윤기와 탄력을 준다.

2 아로마 식초헤어린스

(1) 재료 : 로즈메리, 라벤더, 주니퍼 베리, 사과식초, 증류수

(2) 만들기

① 에센셜 오일을 선택한다.

② 로즈메리(2방울) + 라벤더(2방울) + 주니퍼(1방울)

③ 캐리어 오일인 사과식초(5mL), 증류수 10mL를 혼합한다.

(3) 효과 : 모발을 개선시키고 윤기와 탄력을 준다.

La colline est pleine de fleurs ont été teints en rose.

참고문헌

권소영 외. 「살바토레의 아로마테라피 완벽가이드」. 현문사, 2008.
김명숙. 「림프 & 아로마관리학」. 훈민사, 2006.
김문주 외. 「아로마테라피」. 청구문화사, 2008.
김수자 외. 「발정맥 마사지와 족부반사학」. 청구문화사, 2006.
천병수 · 허정록 · 손은선 · 이용행 · 이선옥. 「피부과학」. 유한문화사, 2010.
하병조. 「아로마테라피」. 수문사, 2000.
허정록 외. 「화장품과학」. 형설출판사, 2010.
http://www aromarose 한국 마사지 관리 프로그램

베이직 아로마테라피

초판 1쇄 인쇄 / 2021년 10월 15일
초판 1쇄 발행 / 2021년 10월 22일

공저 허정록 · 양도현 · 허윤성
발행처 형설출판사
경기도 파주시 회동길 37-23 · 전화 (031) 955-2361~4 · 팩시밀리 (031) 955-2341
발행인 장진혁
등록 라-제9호 · 1962년 5월 1일
홈페이지 http://www.hyungseul.co.kr
e-mail hs@hyungseul.co.kr

정가 22,000원

ISBN 978-89-472-8570-4 93590

BASIC AROMA THERAPY

베 이 직 아 로 마 테 라 피

Aromatherapy

Aromatherapy